Leonardo

Mathematik 1

Herausgegeben von
Doris Mosel-Göbel und Martin Stein

Erarbeitet von
Heidrun Grottke, Gabriele Hinze, Brigitte Hölzel,
Anette König und Gisela Schobbe

Diesterweg

Inhalt

Hinweise zum Aufbau und der Arbeit mit Leonardo

Leonardo ist in **15 themenorientierte Kapitel** unterteilt. Zusätzlich gibt es **Sonderseiten**. Die Vignetten und Kapitelüberschriften erleichtern die Orientierung. Am unteren Rand jeder Seite finden sich Hinweise für die Bearbeitung. Eine Leonardofigur und zehn Kinderfiguren (siehe S. 4/5 bzw. Umschlag hinten) begleiten durch das Buch.

Kapitelaufbau		
	Einstiegsdoppelseite	Jedes **Kapitel** beginnt mit einer **Einstiegsdoppelseite**, die zum Diskutieren und Entdecken herausfordert. Hier können die Kinder ihre Vorkenntnisse einbringen, Zusammenhänge erkennen sowie eigene Rechenwege finden und vergleichen.
	**Informationskasten**	Die **Informationskästen** auf den nachfolgenden **Übungsseiten** können zum Nachschlagen der wichtigsten Begriffe und Verfahren genutzt werden.
2	**Blaue Aufgabe**	Aufgaben, die über das Arbeiten im Buch hinausgehen, sind **blau** gekennzeichnet. Sie vertiefen das Verständnis der Inhalte und regen zu weiterführenden Überlegungen an.
	Abschlussseite	Auf der gelb unterlegten **Abschlussseite** eines Kapitels werden die wesentlichen Inhalte auf mittlerem Anspruchsniveau wiederholt. Die Seite weist auf den Lernstand der Kinder hin.
Sonderseiten		
	Fit mit Leonardo	Auf den **blau** unterlegten Seiten „**Fit mit Leonardo**" werden vor allem die arithmetischen Inhalte der vorangegangenen Kapitel vertiefend geübt.
	Schau genau! **Sachrechnen mit Leonardo**	Auf den **grün** unterlegten Seiten „**Schau genau!**" bzw. „**Sachrechnen mit Leonardo**" werden die Grundlagen für den sicheren Umgang mit Daten gelegt. Dieser Lehrgang wird über alle Schuljahre fortgeführt.

Ich bin ein Schulkind

Amal, 6

Jonas, 5

Tim, 6

Lea, 6

Sara, 6

☐ Kinder

Elena, 6

Kindergruppe in Leonardo betrachten, Mädchen und Jungen auf der Doppelseite zählen, die Gesamtzahl der Kinder als Strichliste oder als Zahl notieren; Lagebeziehungen: die Positionen der Kinder beschreiben.

Max, 7

Nino, 7

Felix, 6

Sina, 6

1 Zähle.

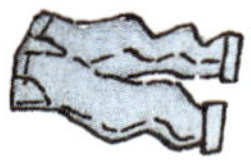	

2 Male dich.

Name: ____________________

Die Zahlen von 1 bis 10

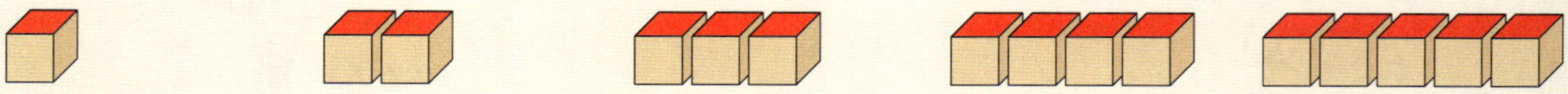

|	||	|||	||||	~~||||~~
1	2	3	4	5

1 Zähle. Trage ein.

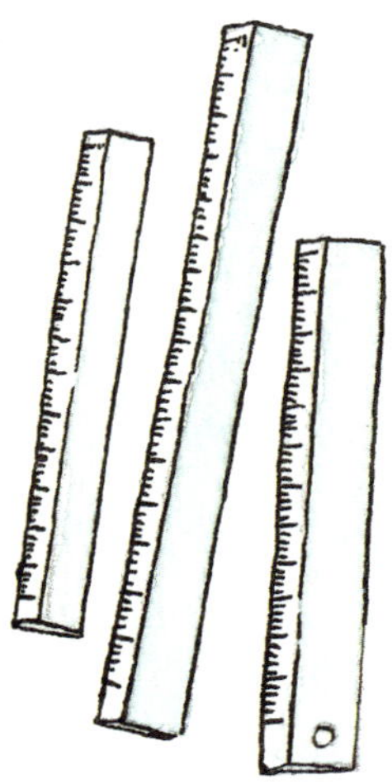

1	1							

Die Zahlen von 1 bis 5 kennen lernen, mit Würfeln legen; Mengen auszählen und Anzahl als Strichliste oder Zahl notieren; Ziffern schreiben.

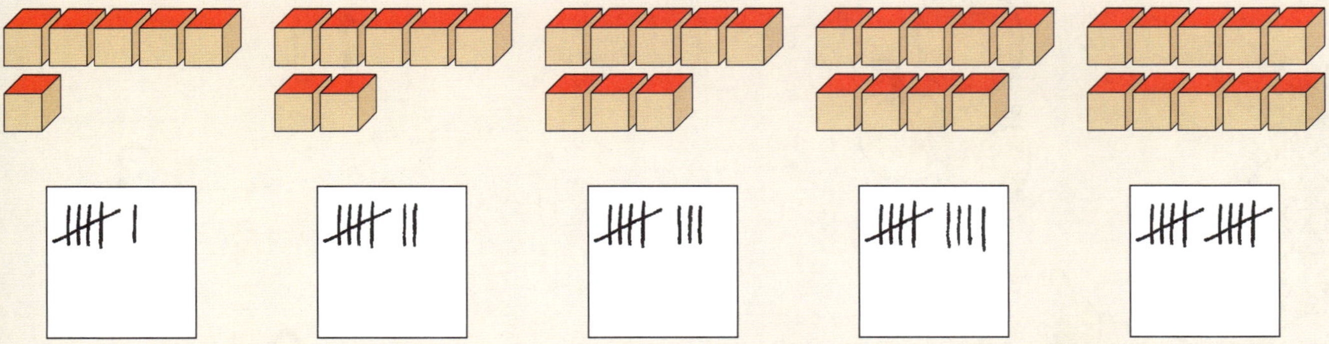

6	7	8	9	10

2 Zähle. Trage ein.

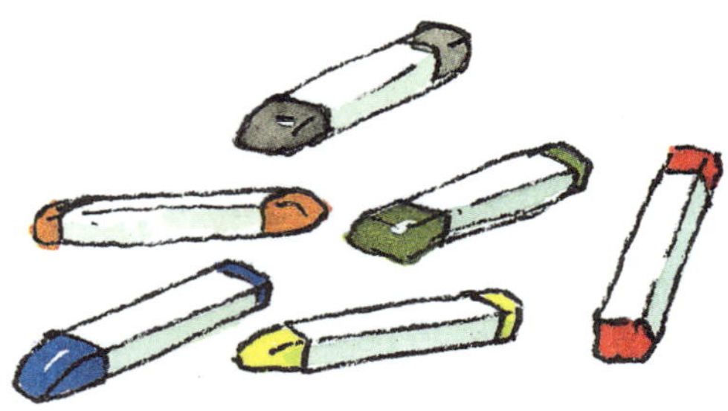

2 2

Die Zahlen von 6 bis 10 kennen lernen, mit Würfeln legen; Mengen auszählen und Anzahl als Strichliste oder Zahl notieren; Ziffern schreiben.

Zählen und malen bis 5

1 Verbinde.

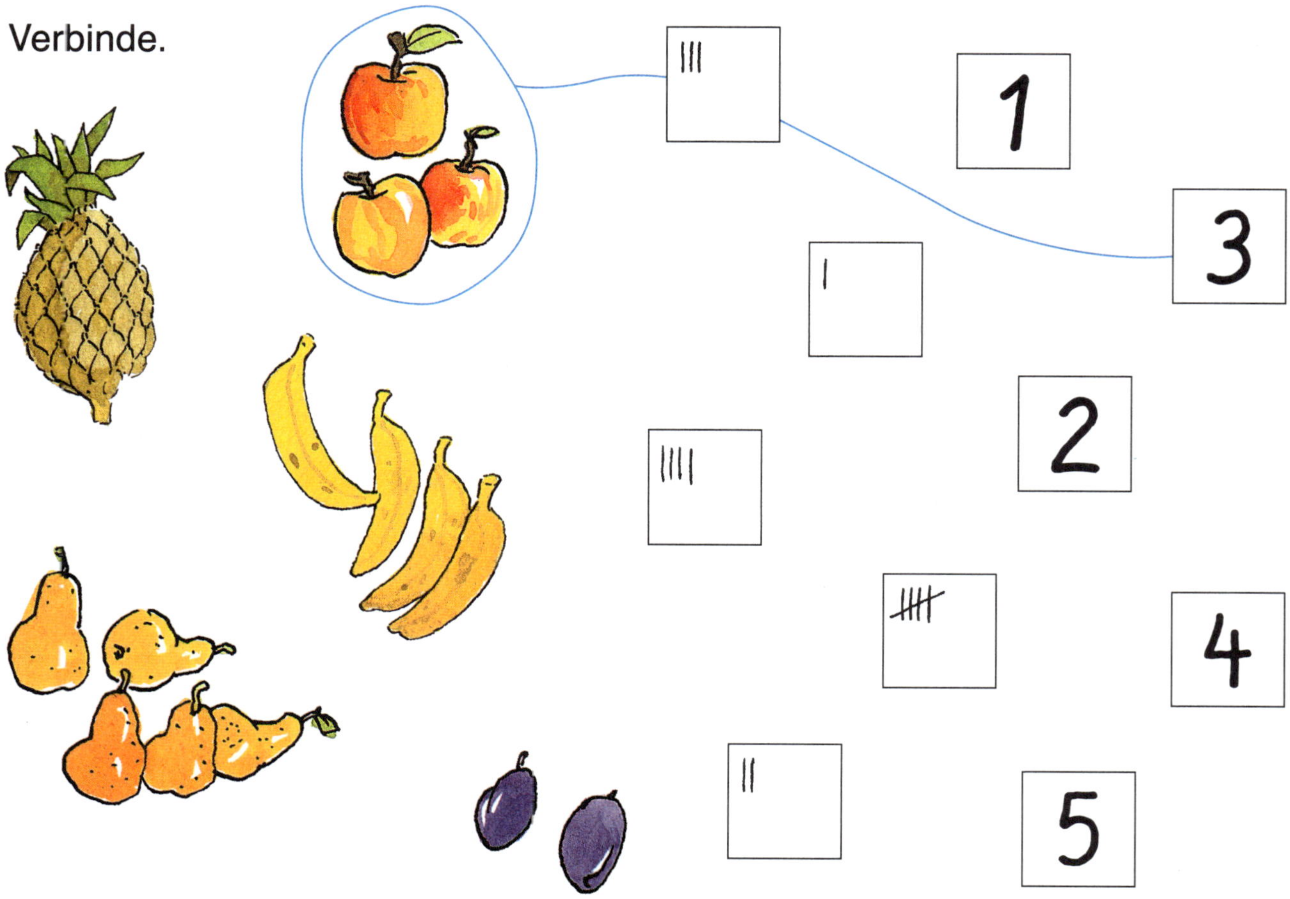

2 Male.

3 Male zu eigenen Zahlen.

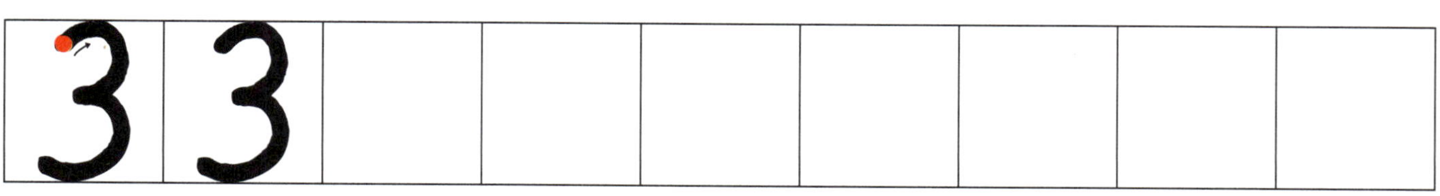

Menge, Strichliste und Zahl verbinden; Bilder mit passenden Anzahlen malen; Ziffern schreiben.

4 Zähle.

5 Zähle.

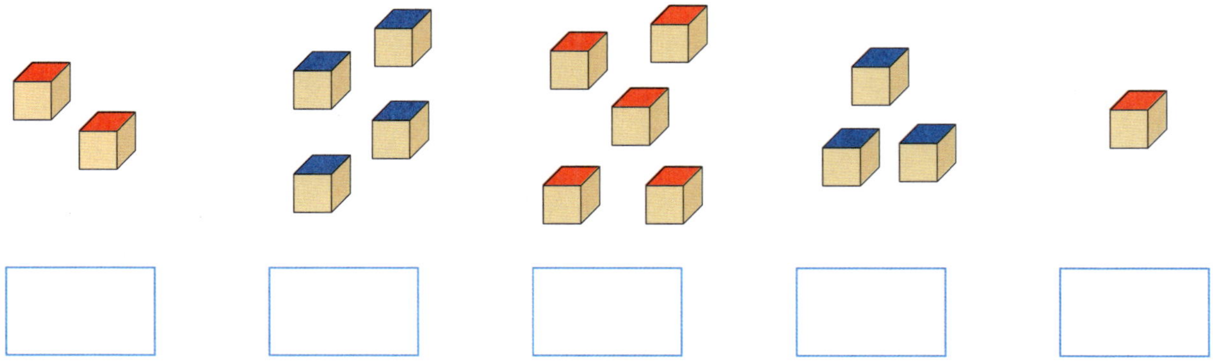

6 Zähle.

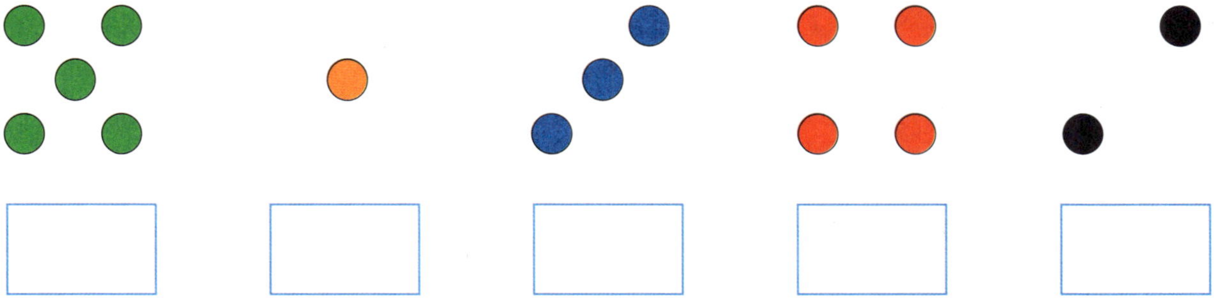

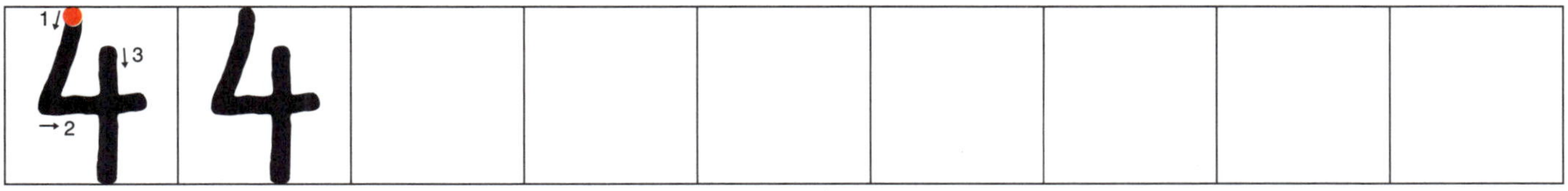

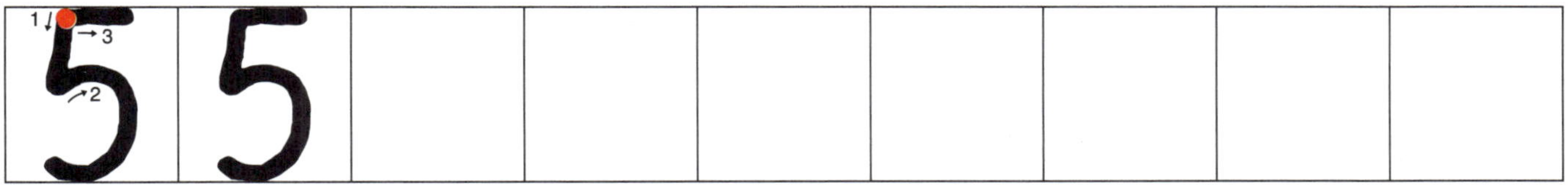

Mengen auszählen, Anzahl als Strichliste oder Zahl notieren; Ziffern schreiben.

Zählen und malen bis 10

1 Verbinde.

𝍸 III

𝍸 IIII

8

9

𝍸 𝍸

𝍸 II

7

10

2 Trage ein.

𝍸 I	IIII		𝍸 II		𝍸	III	
6		9		10			8

3 Zähle.

4 Male zu eigenen Zahlen.

6	6							
7	7							

Menge, Strichliste und Zahl verbinden; Tabelle ausfüllen: Strichliste und Zahl zuordnen und schreiben; Mengen auszählen, die Anzahl als Strichliste oder Zahl notieren; Ziffern schreiben.

Zahlen sind überall

1 Erzähle.

2 Suche Zahlen in deiner Umgebung.

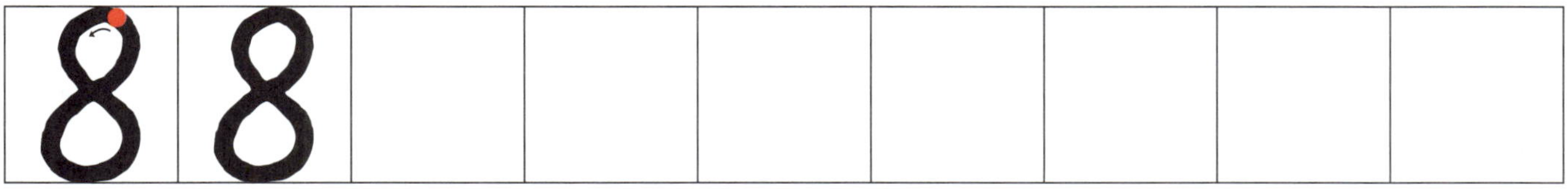

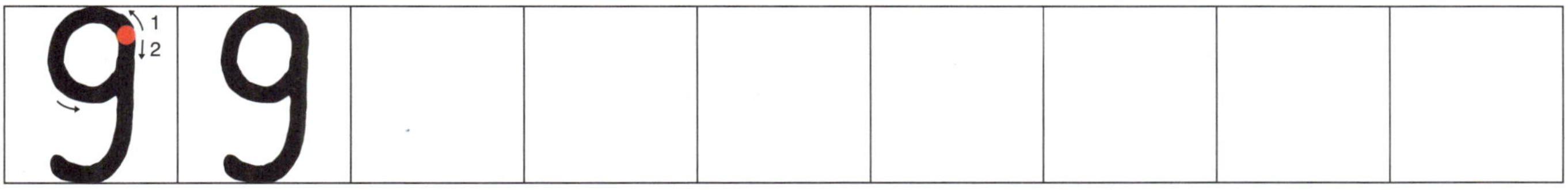

Zu den Fotos erzählen, Funktionen der Zahlen und Ziffern beschreiben; Lagebeziehungen: Positionen der Gegenstände auf der Seite und im Bezug zueinander beschreiben; weitere Zahlen und Ziffern in der Umwelt finden; Ziffern schreiben.

Die Zahlen von 0 bis 10

	I	II	III	IIII
0	1	2	3	4

1 Trage ein.

0	1				5					10

2 Trage ein.

1	2	

0		

6		

3 Trage ein.

			4	

						10

4 Trage eigene Zahlen ein.

0	0							

Die Zahl 0 kennen lernen; die Zahlenreihe von 0 bis 10 und Ausschnitte daraus vervollständigen; Begriffe Nachbarzahlen, Vorgänger und Nachfolger verwenden; Ziffern schreiben.

Von 0 bis 10

1 Zähle.

2 Male.

3	6	9

3 Trage ein.

	卌 I		卌 III		卌	
7		3		4		10

4 Trage ein.

8	9	

	1	

		7

5 Trage ein.

2				

			10

Schau genau!

1 Umrande. 

2 Suche das gleiche Bild. Kreuze an.

3 Finde die 10 Fehler. Kreise ein.

Früchte erkennen und Umriss nachfahren (Übung zur Figur-Grund-Diskriminierung); aus jeweils vier Bildern das genau gleiche heraussuchen; Bilder vergleichen und die zehn Fehler einkreisen.

4 Zeichne die Wege ein.

5 Male nach.

6 Setze fort.

7 Zeichne fertig.

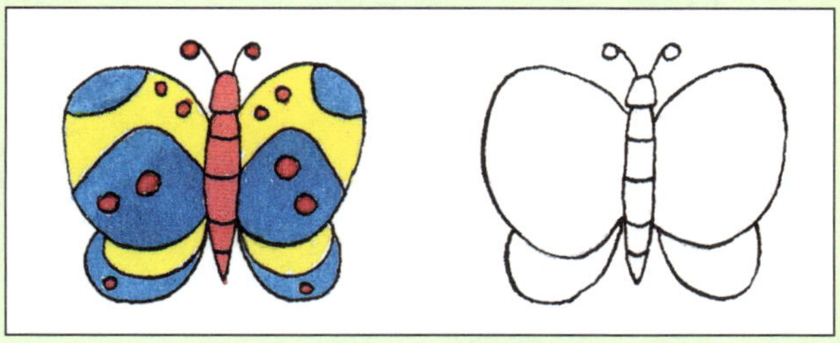

Wege zu den Spielsachen zuerst mit den Augen verfolgen, dann mit einem Stift nachfahren; Kinder und Hunde passend verbinden, die Leinen in unterschiedlichen Farben nachfahren, auch sich überkreuzende Linien richtig nachfahren; das Muster erkennen und fortsetzen; fehlende Teile dazumalen.

In der Bauecke

Mit Würfeln bauen; Lagebeziehungen: Positionen einzelner Würfel in den Würfelgebäuden beschreiben (vor, hinter, über, unter, neben).

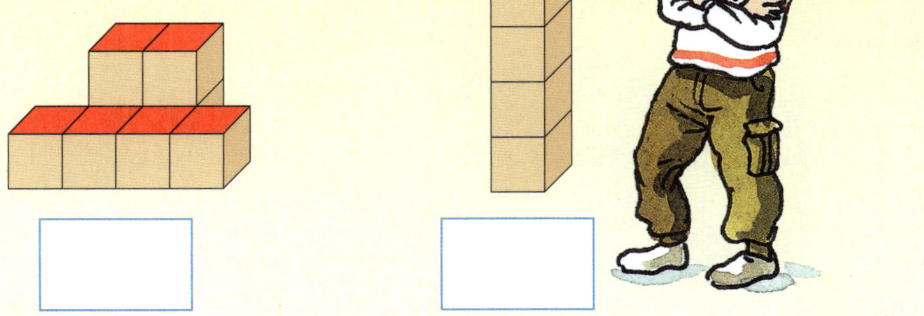

1 Baue nach.

2 Zähle.

Vergleichen

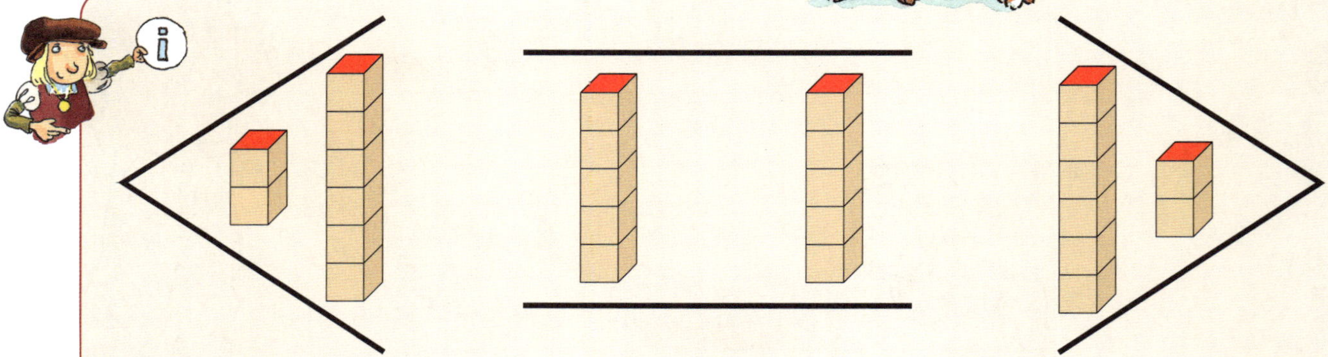

2 < 6	5 = 5	6 > 2
2 ist kleiner als 6	5 ist gleich 5	6 ist größer als 2

1 Baue und vergleiche.

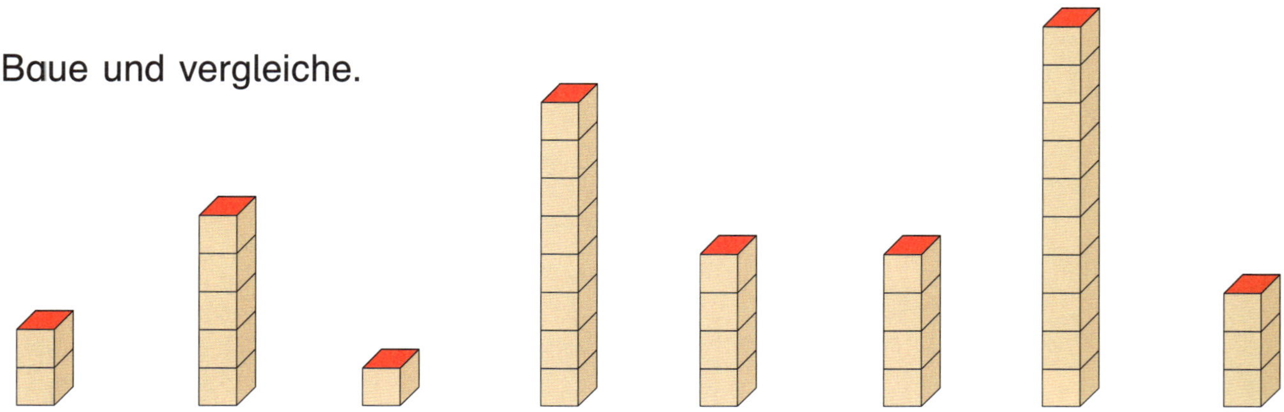

2 < 5

2 Zeichne.

<

Würfeltürme nachbauen, Anzahlen der Würfel vergleichen, Relationszeichen kennen lernen; Anzahlen und Relationszeichen eintragen; Kleiner-Zeichen üben.

3 Baue oder lege. Vergleiche.

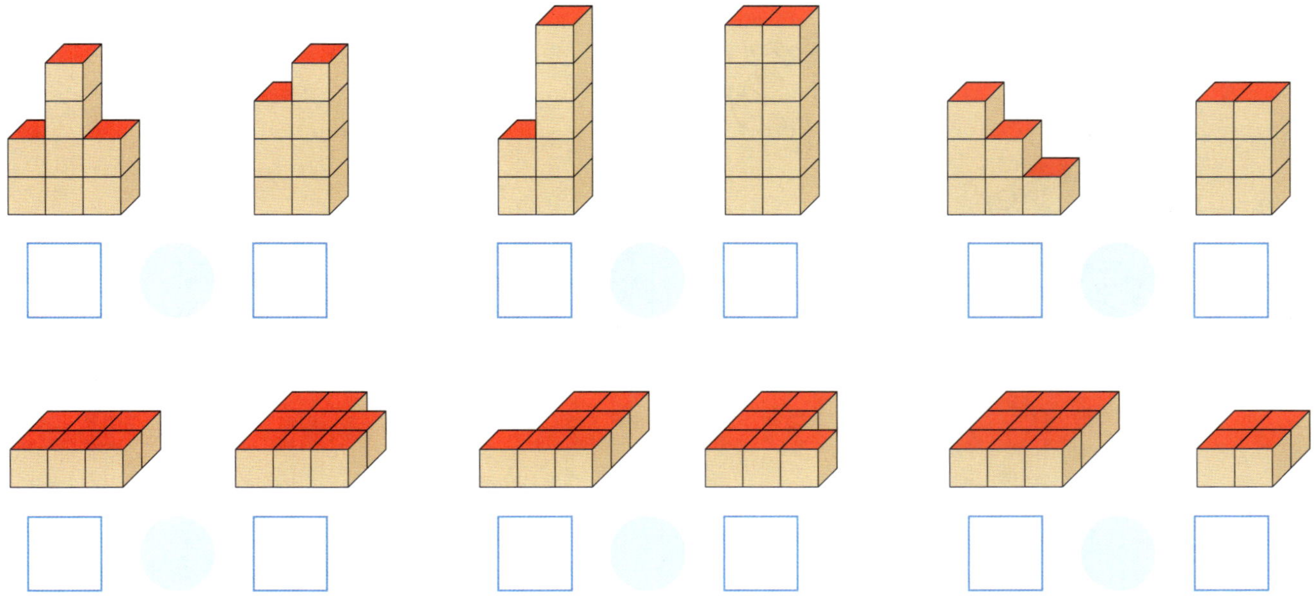

4 Trage ein.

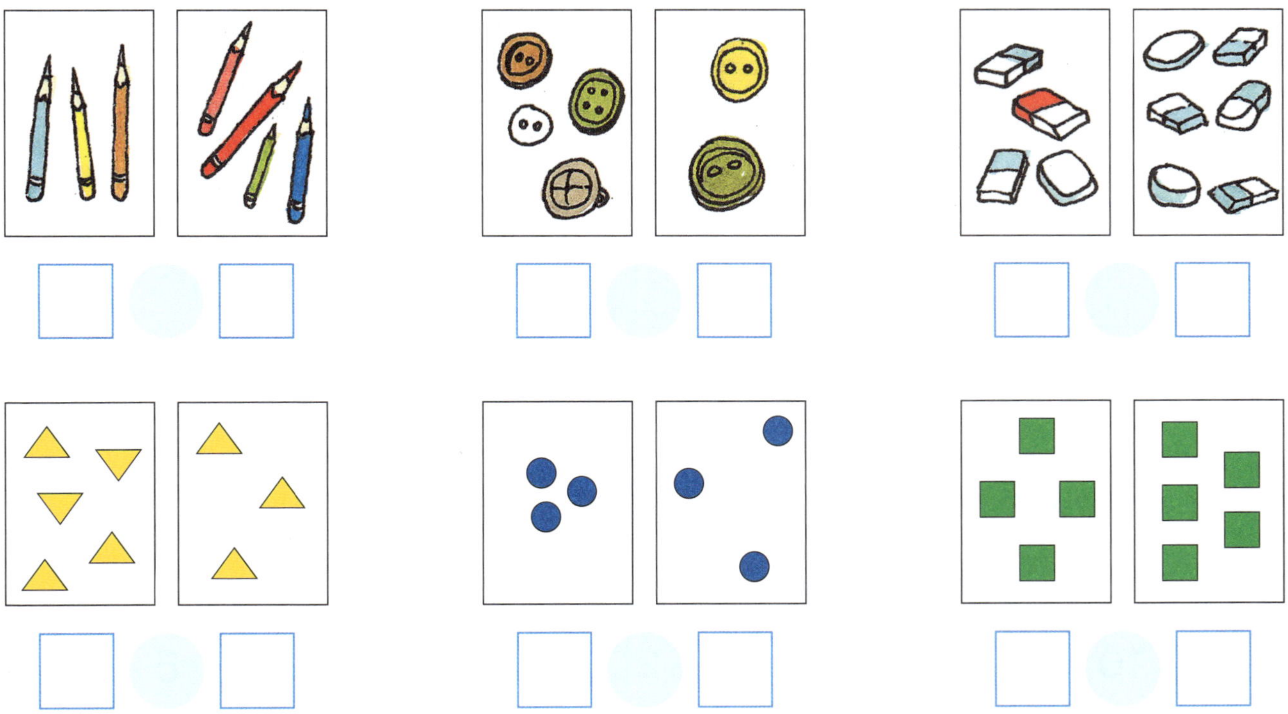

5 Baue oder lege selbst. Vergleiche.

= > <

6 Zeichne.

>

Würfelbauwerke nachbauen bzw. nachlegen, Anzahlen der benötigten Würfel bestimmen und vergleichen, Anzahlen und Relationszeichen eintragen; Anzahlen von Gegenständen und geometrischen Formen bestimmen und vergleichen, Anzahlen und Relationszeichen eintragen; Größer-Zeichen üben.

Würfeltreppe bauen

1 Trage ein.

0	1									10					

2 Baue.

1 2 3   5 6 7   0 1 2   3 4 5 6

3 Trage ein.

7	8	

	1			

		6				10

4 Trage <, > oder = ein.

5 ◯ 5	10 ◯ 8	9 ◯ 6	7 ◯ 7
5 ◯ 10	1 ◯ 0	4 ◯ 7	6 ◯ 8
5 ◯ 4	3 ◯ 4	0 ◯ 2	7 ◯ 4

5 Finde selbst.

2 > ☐	8 < ☐	6 = ☐	5 < ☐
7 > ☐	1 < ☐	10 > ☐	3 = ☐

Würfeltreppe gemeinsam bauen, Zahlen eintragen; zu Zahlenkarten Würfeltürme bauen, Ausschnitte aus der Zahlenreihe vervollständigen; Relationszeichen eintragen; passende Zahlen eintragen.

Bauen und vergleichen

1 Baue und vergleiche.

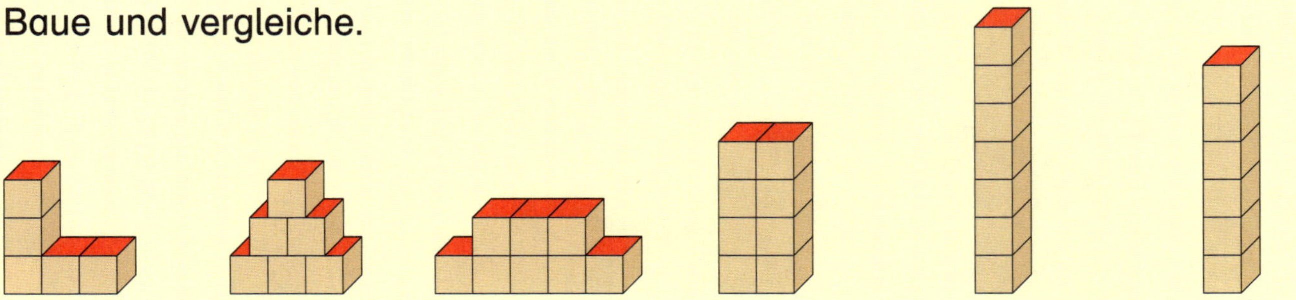

☐ ◯ ☐ ☐ ◯ ☐ ☐ ◯ ☐

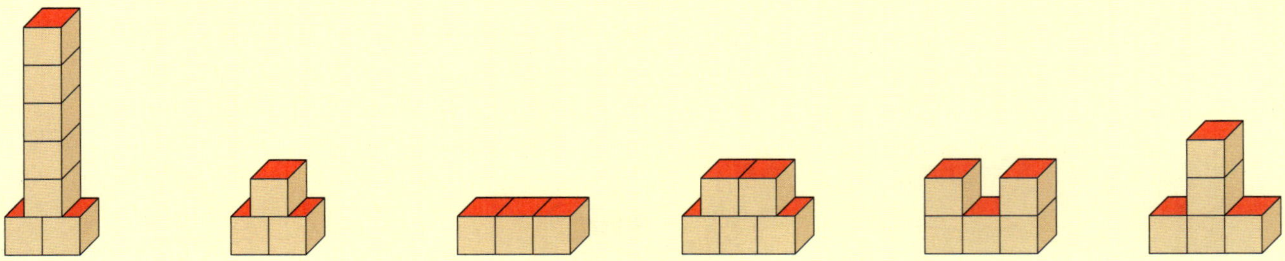

☐ ◯ ☐ ☐ ◯ ☐ ☐ ◯ ☐

2 Trage <, > oder = ein.

2	◯	3	4	◯	4	2	◯	10
3	◯	2	6	◯	9	10	◯	2
8	◯	8	7	◯	0	5	◯	1

3 Trage ein.

	1	

	8	

3				

6			

1						

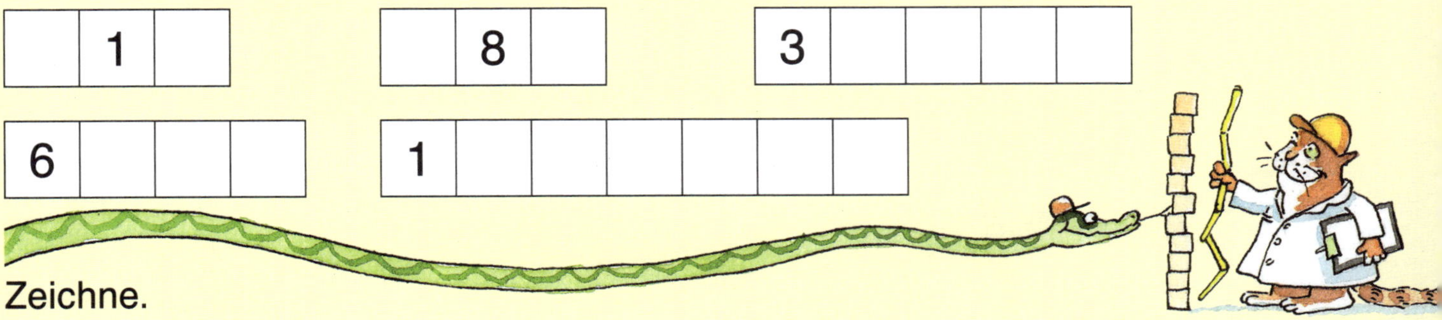

4 Zeichne.

< > = < > = ◯ ◯ ◯ ◯ ◯

Zerlegen

Aktivitäten zum Zerlegen durchführen (Zufallsprinzip): Zerlegungen würfeln oder schütteln, Felder ausmalen; Zerlegungen bei den Schüttelkästen in dem Zerlegungshaus notieren.

1 Erzähle zum Bild.

2 Trage ein.

Aktivitäten zum Zerlegen durchführen (systematisches Vorgehen): In einer Würfelreihe der Reihe nach jeweils einen Würfel umdrehen; eine Würfelreihe mit einem Stift zerlegen, den Stift von links nach rechts wandern lassen; die Zerlegungen in den Zerlegungshäusern notieren.

Zerlegungshäuser

2	
2	0
1	1
0	2

1 Lege und male. Trage ein.

3	

4	

2 Lege und male. Trage ein.

5	
5	0
4	1
3	2
2	3
1	4
0	5

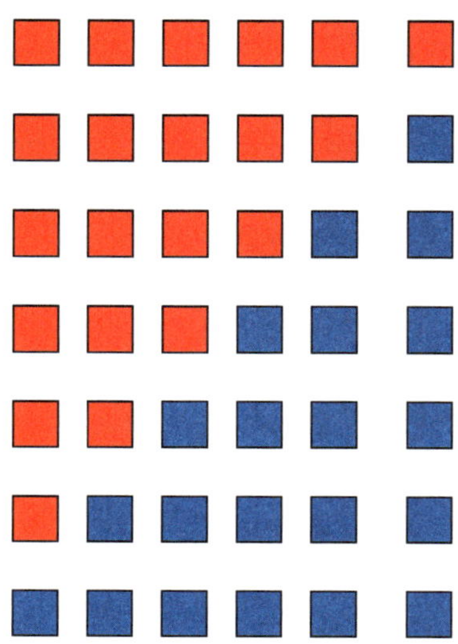

6	

Notation im Zerlegungshaus kennen lernen, Zusammenhang zwischen Zerlegung und Eintrag entdecken; zu vorgegebenen Zahlen Zerlegungen legen, malen und notieren; systematisches Zerlegen entdecken.

3 Lege und male. Trage ein.

7	

4 Lege. Trage ein.

8	
4	
6	
2	
8	
5	
1	
0	
7	
3	

10	
4	
6	
3	
7	
1	
0	
8	
5	
9	
2	
10	

9	
5	
7	
3	
2	
	1
	5
	3
	0
0	
	8

Alle Zerlegungen der 7 legen, malen und notieren, darauf achten, ob die Kinder von sich aus systematisch vorgehen; Zerlegungshäuser ausfüllen.

Plusaufgaben

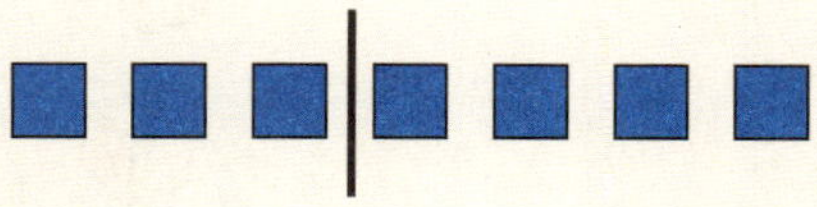

3 plus 4
3 + 4

1 Trage ein.

5 +

2 Trage ein.

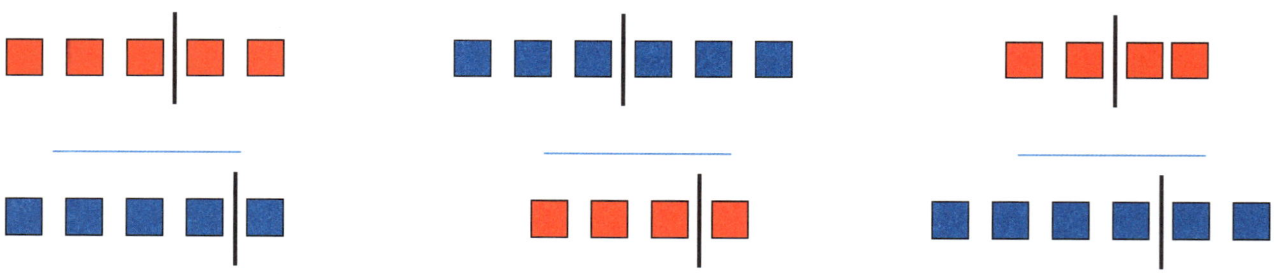

3 Male den Stift. Schreibe die Plusaufgabe.

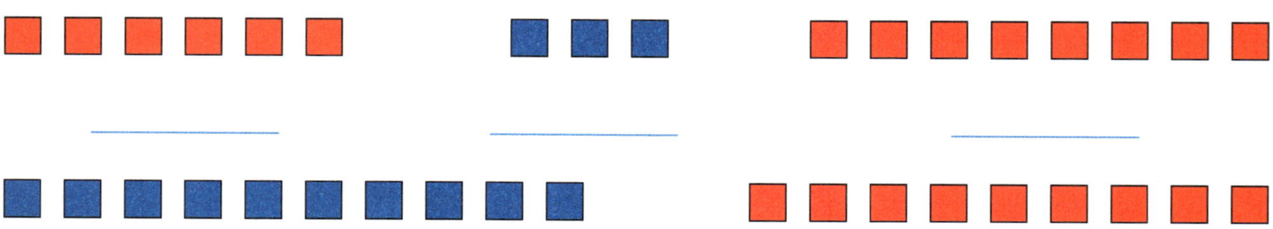

4 Lege.

3 + 2	6 + 4	2 + 3	3 + 0	1 + 5

Pluszeichen kennen lernen; zu mit einem Stift zerlegten Plättchenreihen passende Plusterme notieren; eigene Zerlegungen von Plättchenreihen herstellen und passende Plusterme notieren; zu Termen passend legen und zerlegen.

Zerlegungsmuster

1 Schreibe Plusaufgaben.

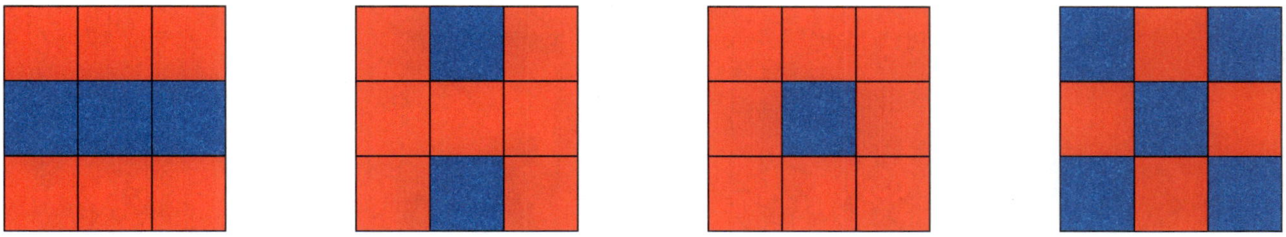

6 + ______ ______ ______ ______

2 Male mit zwei Farben.

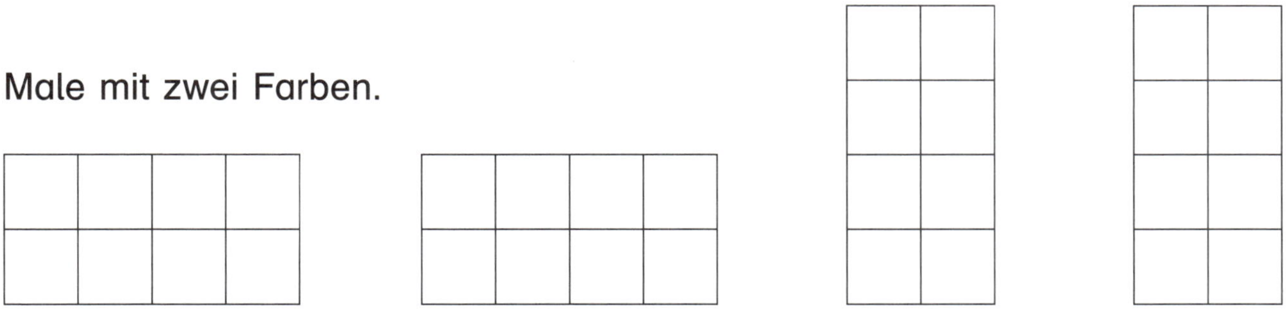

6 + 2   3 + 5   4 + 4   1 + 7

3 Male mit zwei Farben. Schreibe.

4 + ___   8 + ___   5 + ___

4 Male mit zwei Farben. Schreibe Plusaufgaben.

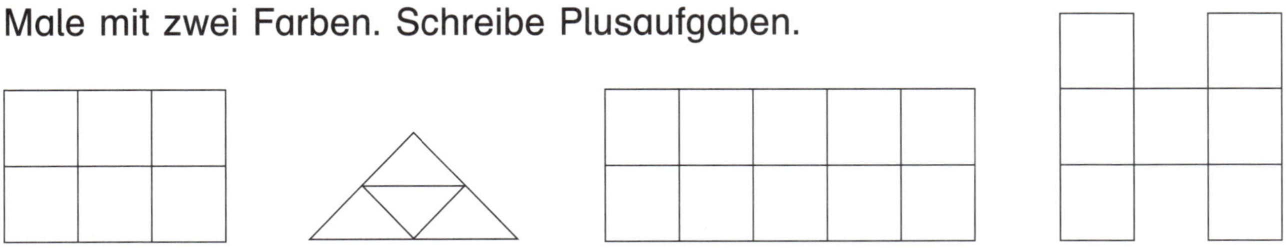

______ ______ ______ ______

5 Male mit zwei Farben. Schreibe Plusaufgaben.

Schütteln und werfen

1 Schreibe Plusaufgaben.

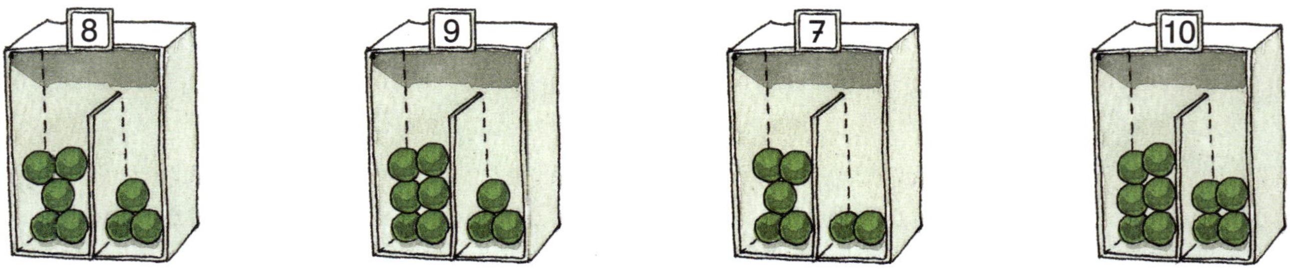

5 + ______   ______   ______   ______

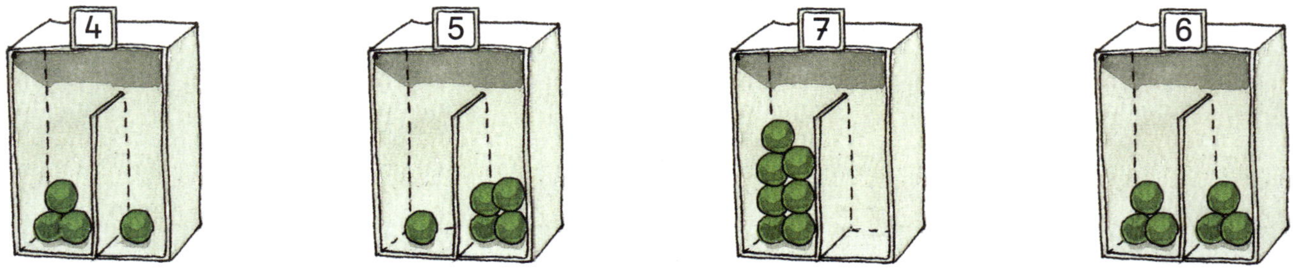

______   ______   ______   ______

2 Schreibe Plusaufgaben.

______   ______   ______

3 Was passt? Male an.

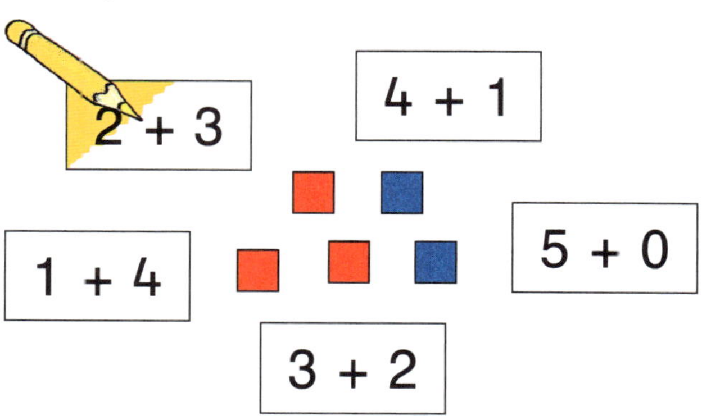

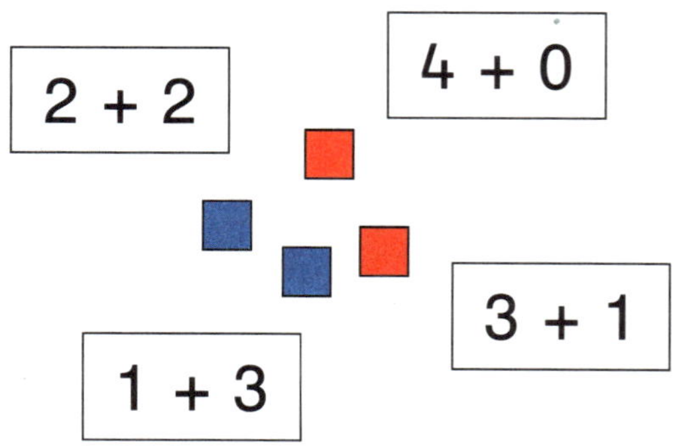

4 Wirf 6 Plättchen. Schreibe Plusaufgaben.

Plusterme zu Schüttelkästen und Plättchenwürfen notieren; zu einem Plättchenwurf passende Terme anmalen; Zerlegungen der 6 finden und Plusterme notieren.

Zerlegungsmeister

1 Male. Trage ein.

5	
2	3
4	1
0	5

6	

2 Trage ein.

10	
0	
3	
4	
9	

9	
5	
3	
7	
1	

7	
4	
1	
	7
	2

8	
	6
0	
	1
4	

3 Schreibe Plusaufgaben.

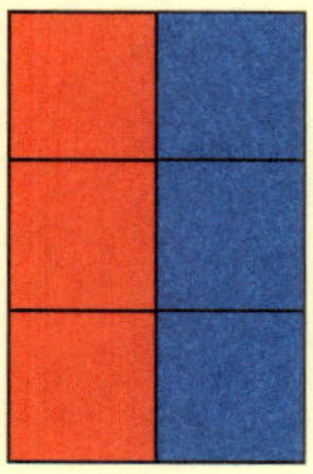

4 Schreibe Plusaufgaben.

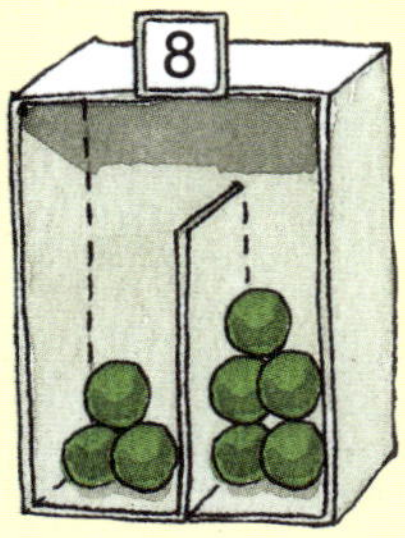

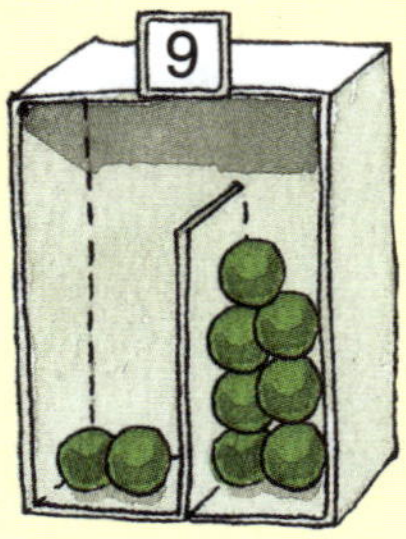

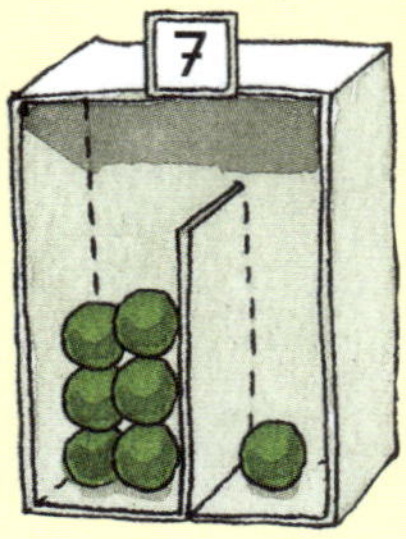

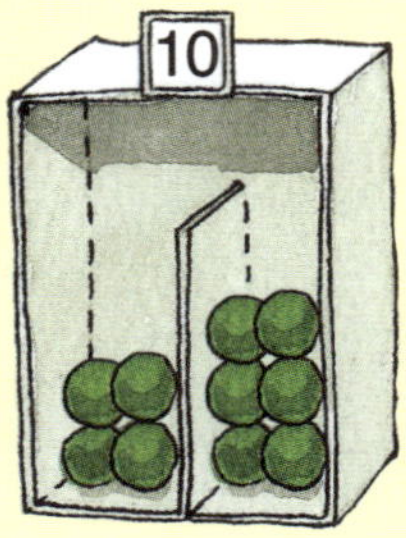

Zu vorgegebenen Zahlen Zerlegungen malen, vorgegebene Zerlegungen im Zerlegungshaus notieren; Zerlegungshäuser ausfüllen; zu Mustern und Schüttelkästen Plusterme notieren.

In der Klasse

Zum Bild erzählen; Mengen auszählen, Strichlisten und Zahlenkarten zuordnen; Gegenstände auf den Zähltellern zählen, Anzahl als Strichliste und Zahl notieren; Lagebeziehungen: die Positionen der Gegenstände im Mathematikregal beschreiben.

1 Erzähle zum Bild.

2 Trage ein.

Das Zwanzigerfeld als Material kennen lernen; Aktivitäten der Kindergruppe mit Material nachspielen; Anzahlen bis 20 mit Würfeln und Plättchen im Zwanzigerfeld und frei legen und bauen; Anzahlen bestimmen und Anzahl als Strichliste oder Zahl notieren.

Die Zahlen von 10 bis 20

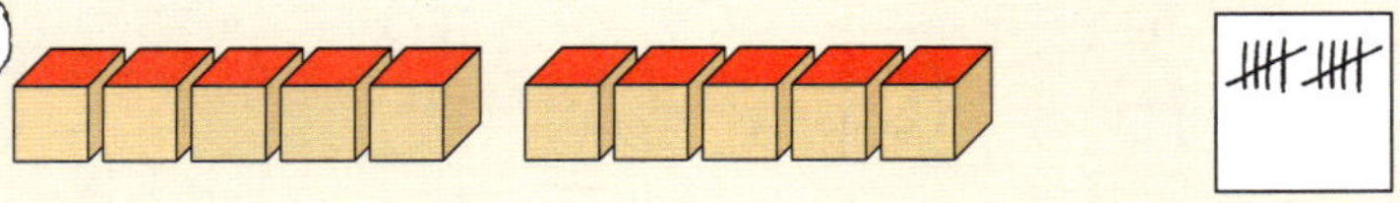	10	10 + 0
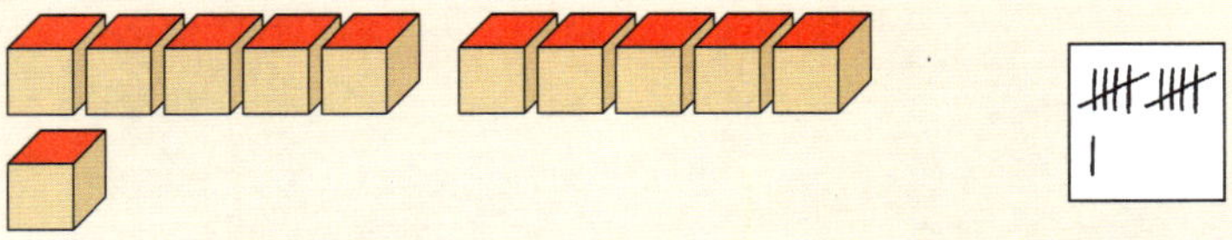	11	10 + 1
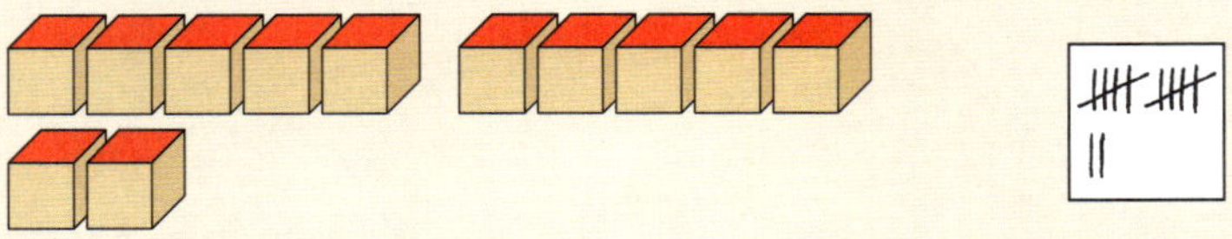	12	10 + 2
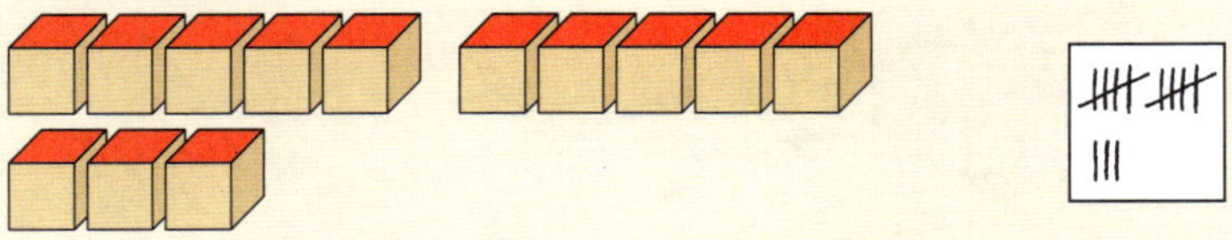	13	10 + 3
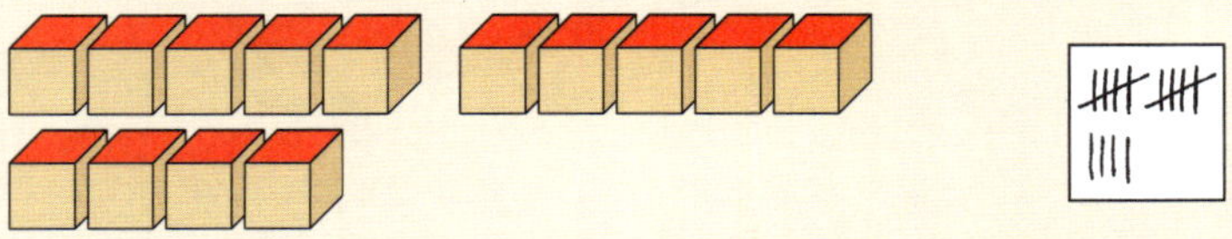	14	10 + 4
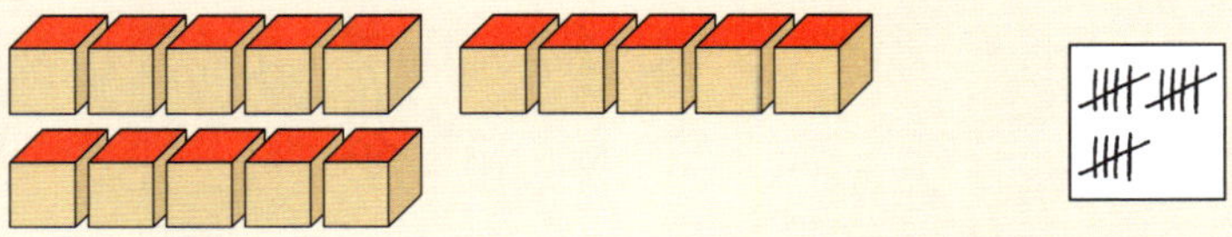	15	10 + 5

1 Zähle.

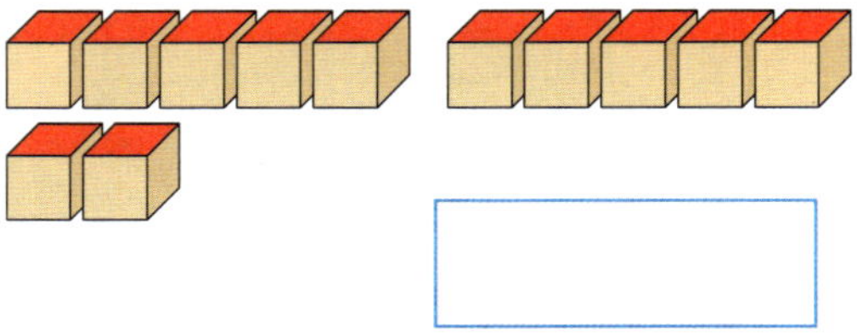

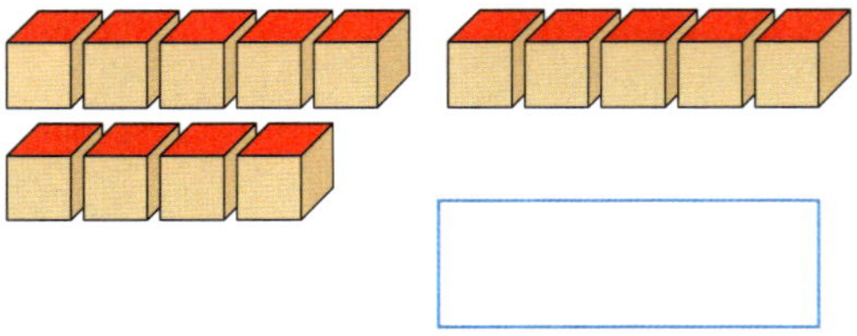

2 Zähle.

Die Zahlen von 11 bis 15 kennen lernen, mit Würfeln legen; Mengen auszählen und die Anzahl als Strichliste oder Zahl notieren, Strukturen nutzen.

16	10 + 6
17	10 + 7
18	10 + 8
19	10 + 9
20	10 + 10

3 Zähle.

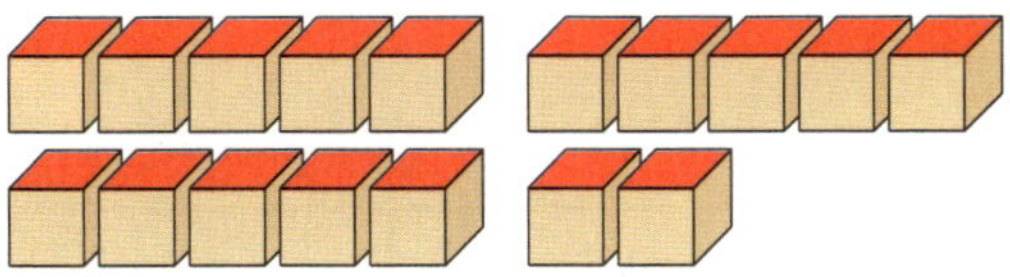

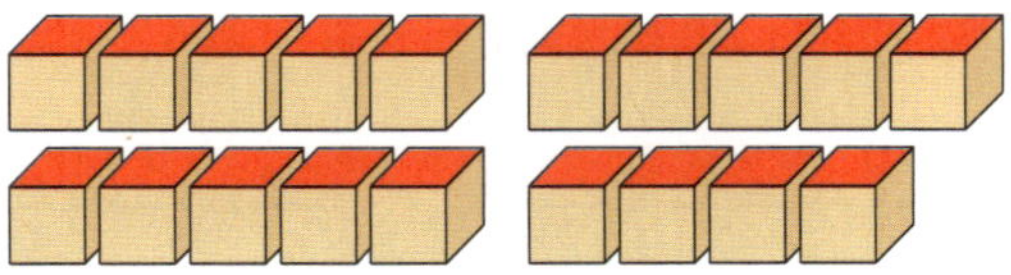

4 Zähle.

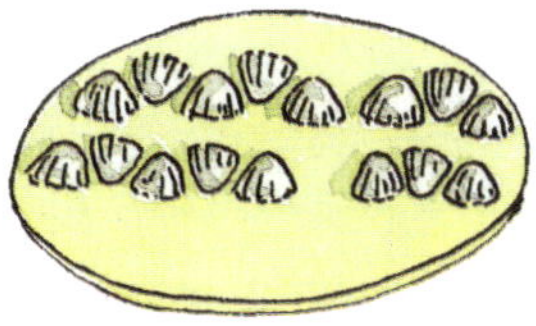

Die Zahlen von 16 bis 20 kennen lernen, mit Würfeln legen; Mengen auszählen und die Anzahl als Strichliste oder Zahl notieren, Strukturen nutzen.

Zahlen im Zwanzigerfeld

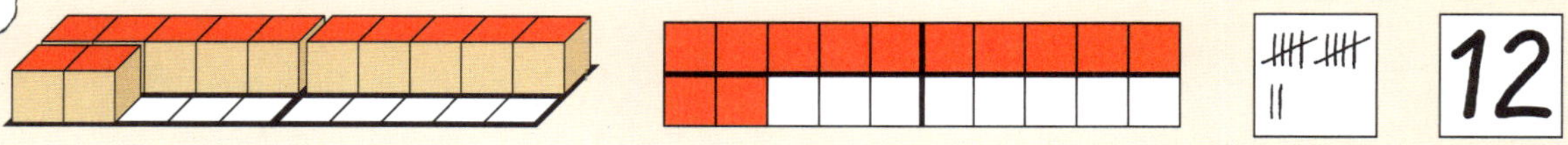

1 Lege und schreibe.

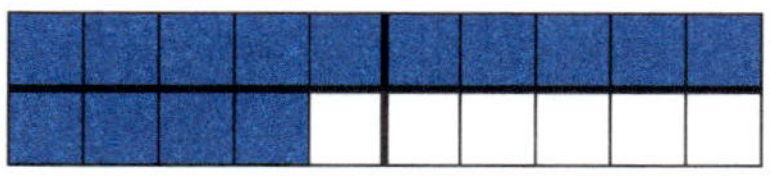 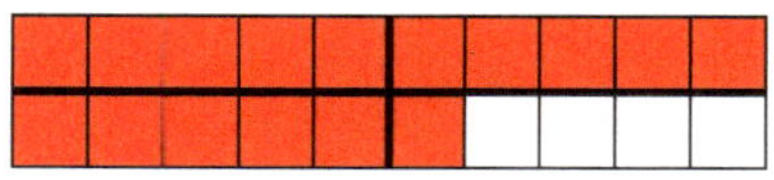 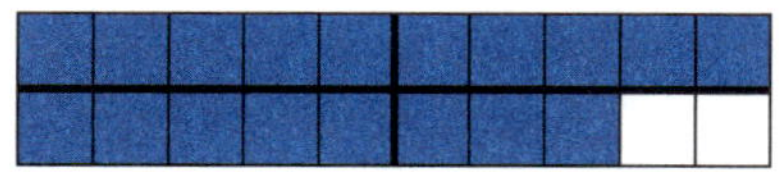

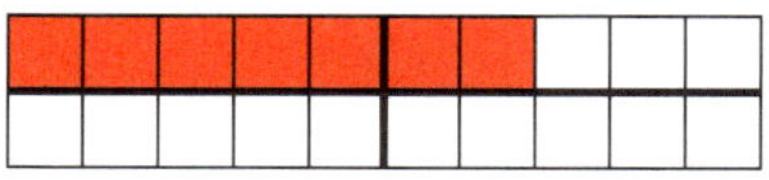 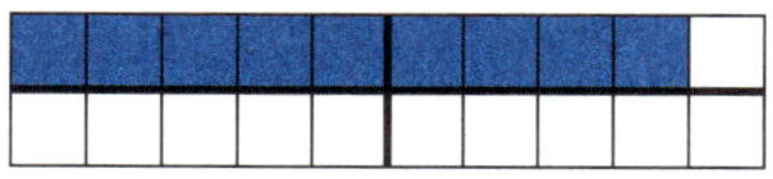 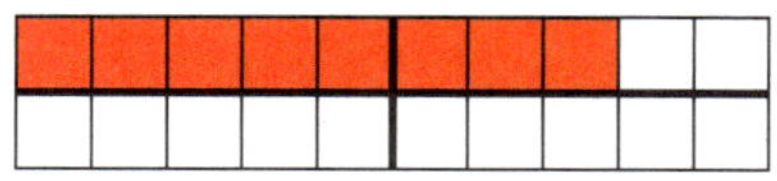

2 Lege und male.

11 6 15

12 17 19

3 Lege und male zu eigenen Zahlen.

Das Zwanzigerfeld kennen lernen; Zahlen bis 20 im Zwanzigerfeld mit Würfeln und Plättchen legen; Zahlen bis 20 in der ebenen Darstellung des Zwanzigerfelds (Karofeld) erkennen; gefärbte Felder im Zwanzigerfeld zählen, Anzahl als Strichliste oder Zahl notieren; passend im Zwanzigerfeld färben.

Zahlen vergleichen und ordnen

1 Trage ein.

0	1	2							9	

		12								20

2 Trage ein.

1		
11		
6		

	3	
	13	
	8	

		7
		17
		12

3 Trage ein.

10		12	
	6	7	

		16		
				13

4 Trage <, > oder = ein.

7		9	6		3	15		5	20		10
17		19	6		13	15		15	19		20
17		14	16		16	15		20	18		16

5 Schreibe Zahlen. Wie weit kommst du?

Bis 20 zählen

1 Trage ein.

𝍸 𝍸 |		𝍸 𝍸 𝍸 ||		𝍸 𝍸 |||		𝍸 𝍸 𝍸 |||	
11	15		19		20		14

2 Zähle.

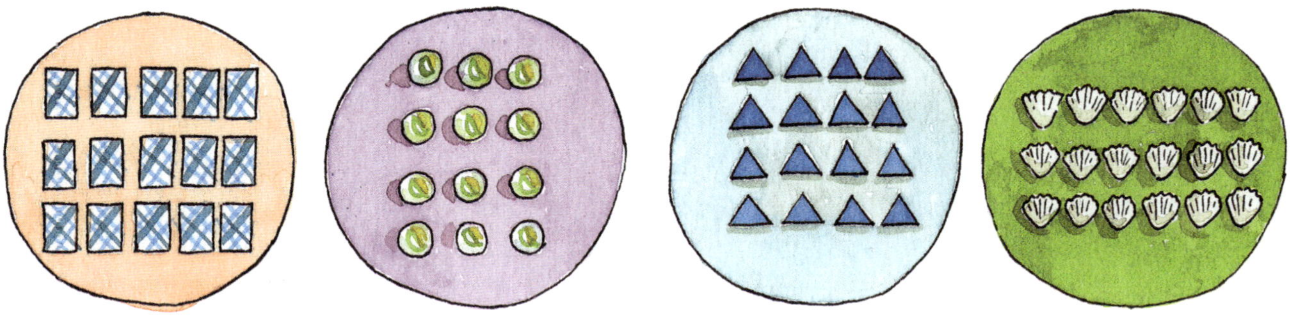

3 Zähle.

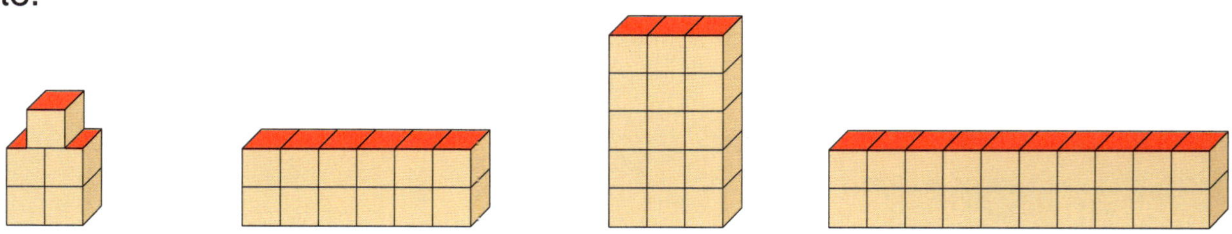

4 Zähle.

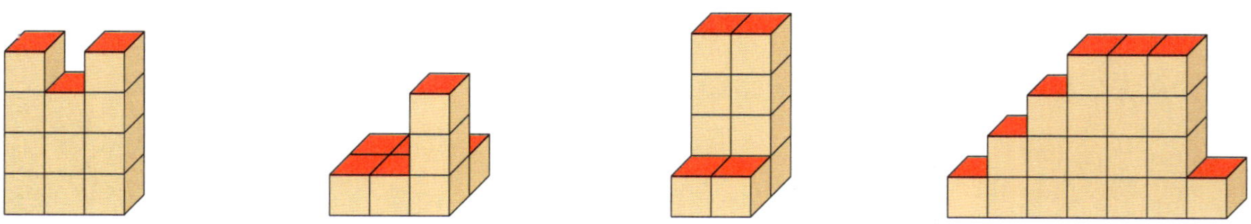

Tabelle ausfüllen: Strichliste und Zahl zuordnen und schreiben; Anzahlen von Gegenständen bzw. Anzahl der Würfel in Bauwerken bestimmen, Strukturen nutzen, Anzahl als Strichliste oder Zahl notieren.

Von 0 bis 20

1 Verbinde.

2 Trage ein.

	𝍸 𝍸 𝍸 I		𝍸 𝍸		𝍸 𝍸 𝍸 III		𝍸 𝍸 𝍸 IIII
11		12		17		13	

3 Zähle.

4 Male.

13

19

20

5 Trage ein.

7	8								16	

Die Zahlen von 1 bis 20 der Reihe nach verbinden; Tabelle ausfüllen: Strichliste und Zahl zuordnen und schreiben; Anzahlen von Gegenständen bestimmen, Strukturen nutzen, Anzahl als Strichliste oder Zahl notieren; passend im Zwanzigerfeld färben; Ausschnitt aus der Zahlenreihe vervollständigen.

1 Zähle.

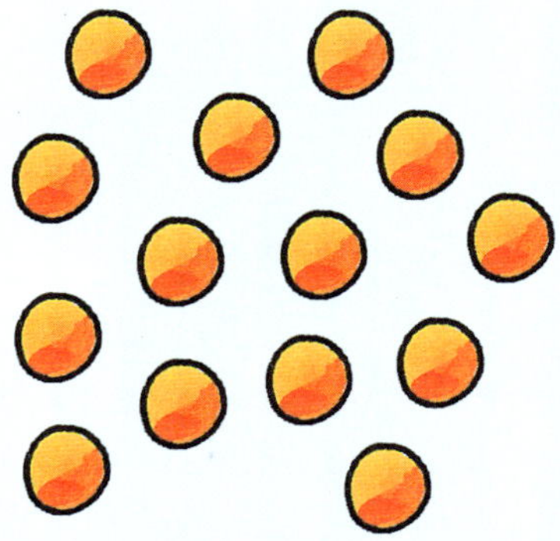

2 Trage ein.

3	4	

6		

	9			

0				

		8	

	19	

			8							15		

3 Trage ein.

𝍸 ||		𝍸 𝍸 ||		𝍸 𝍸 𝍸		𝍸 𝍸 𝍸 ||||	
7	6		8		13		10

4 Zähle.

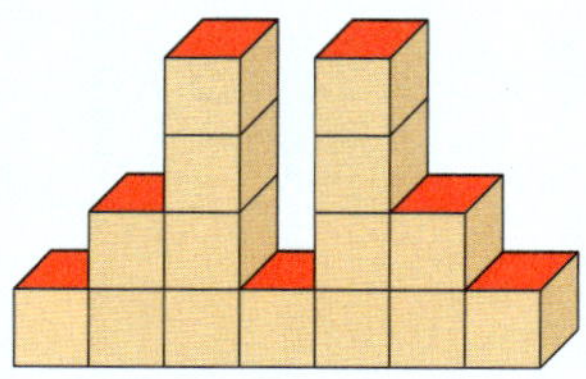

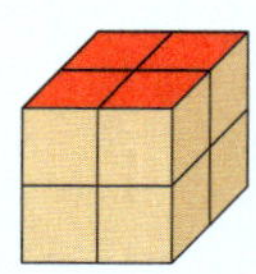

Mengen auszählen, die Anzahl als Strichliste oder Zahl notieren; Nachbarzahlen eintragen, Ausschnitte aus der Zahlenreihe vervollständigen; Tabelle ausfüllen: Strichliste und Zahl zuordnen und schreiben; Würfelbauwerke nachbauen, Anzahl der benötigten Würfel bestimmen und als Strichliste oder Zahl notieren.

5 Baue und vergleiche.

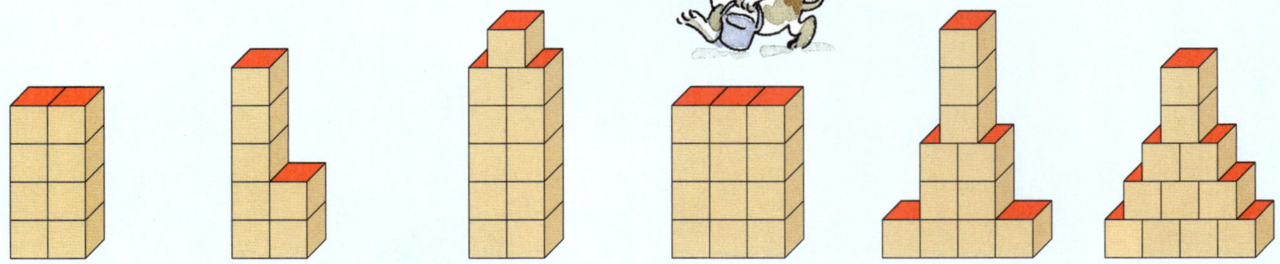

6 Trage <, > oder = ein.

7 > 2		8 ◯ 6		11 ◯ 3		6 ◯ 16				
4 ◯ 4		6 ◯ 4		11 ◯ 13		16 ◯ 16				
5 ◯ 3		4 ◯ 5		13 ◯ 13		16 ◯ 17				
0 ◯ 4		0 ◯ 1		12 ◯ 14		16 ◯ 15				

7 Trage ein.

7	
4	
1	
	5
	2
6	
	4
	0
	7

9	
8	
	0
2	
	6
5	
	8
0	
	3

10	
0	
	9
2	
3	
	6
5	
	4
8	

8	
	7
0	
	1
6	
	5
4	
2	
	3

Würfelbauwerke nachbauen, Anzahlen der benötigten Würfel bestimmen, notieren und vergleichen; Relationszeichen eintragen; Zerlegungshäuser ausfüllen.

Tolle Sachen aus dem Quadrat

Quadrate (10 cm x 10 cm) falten und schneiden, Anzahl der entstandenen Formen bestimmen; Anzahlen vergleichen.

1	0	2	4	0

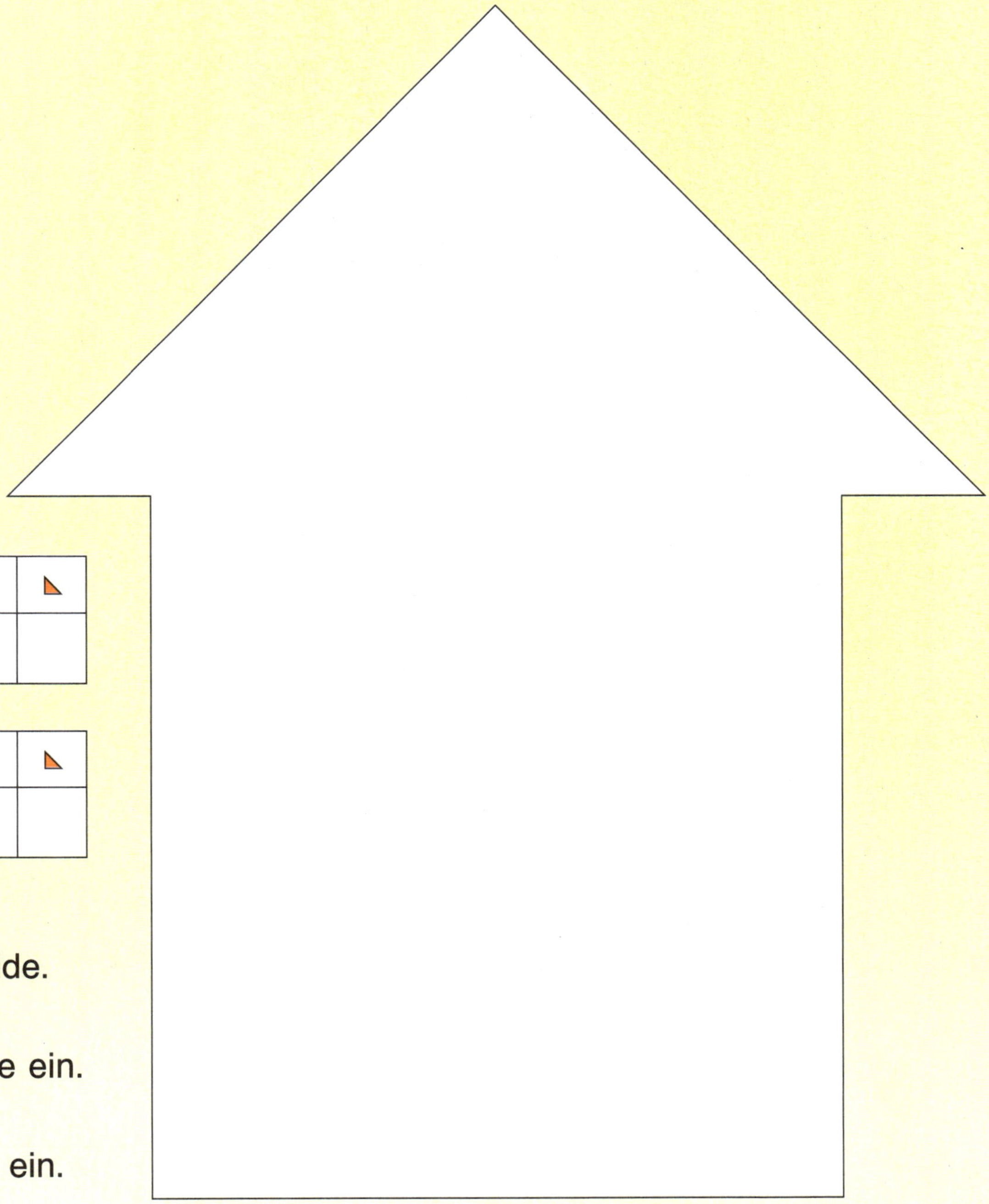

1 Falte und schneide.

2 Lege nach. Trage ein.

3 Lege aus. Trage ein.

Häuser mit den entstandenen Formen nachlegen, Anzahl der verwendeten Formen in die Tabelle eintragen; das große Haus mit den Formen auslegen, Tabelle ausfüllen, eine weitere Auslegemöglichkeit finden und in die zweite Tabelle eintragen; Lagebeziehungen: Positionen der Formen beschreiben.

Geometrische Formen

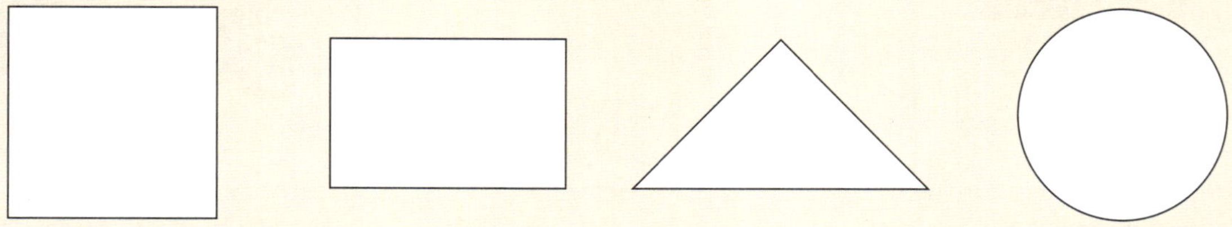

Quadrat Rechteck Dreieck Kreis

1 Lege aus. Male. Trage ein.

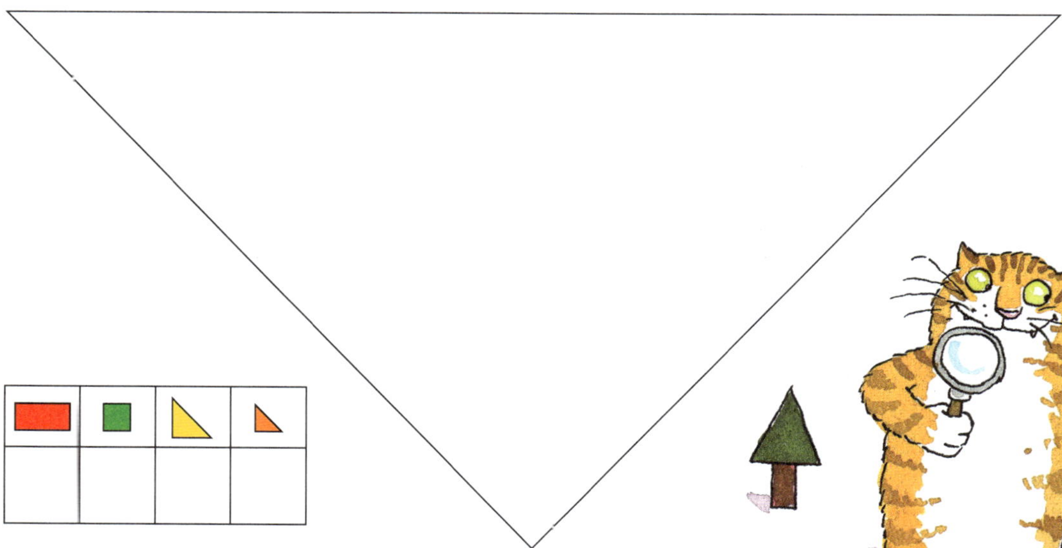

2 Suche geometrische Formen in der Umwelt.

Geometrische Formen kennen lernen; Figuren benennen, mit den Formenplättchen aus der Beilage auslegen, Formen umfahren und ausmalen, Anzahl der verwendeten Formenplättchen in die Tabelle eintragen.

Auslegen mit Plättchen

1 Lege aus.

1	1	0	4

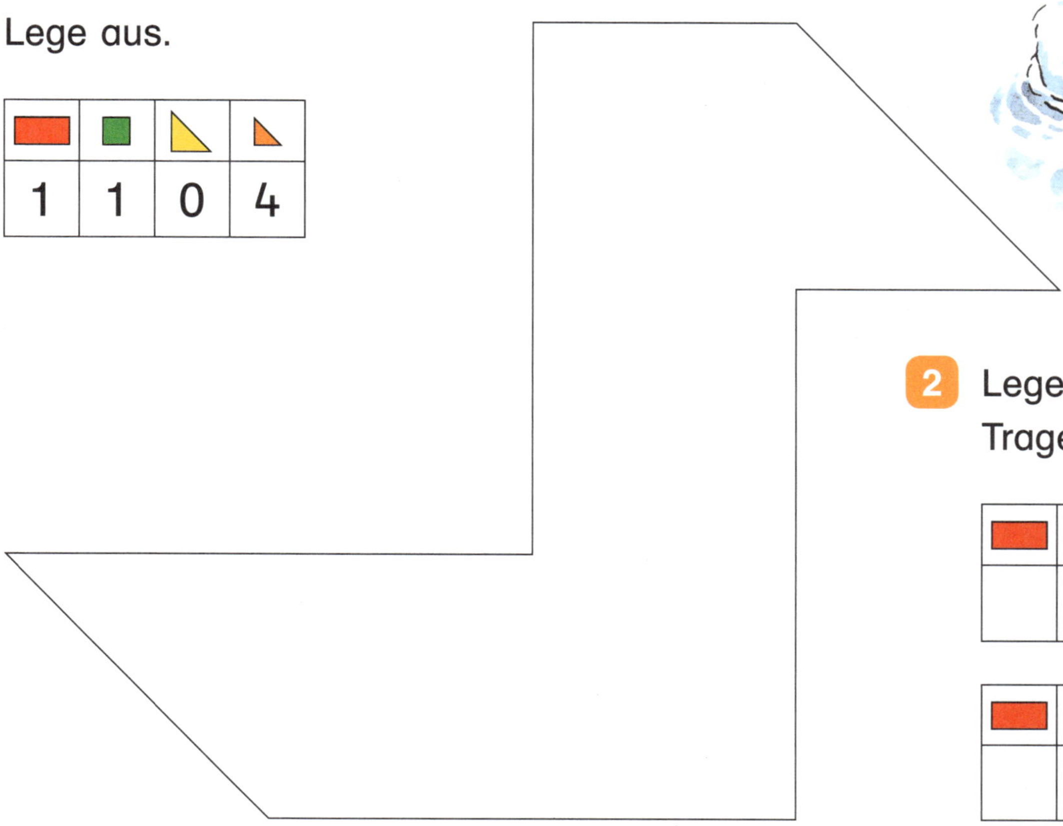

2 Lege anders aus.
Trage ein.

3 Lege aus.

1	1	0	3

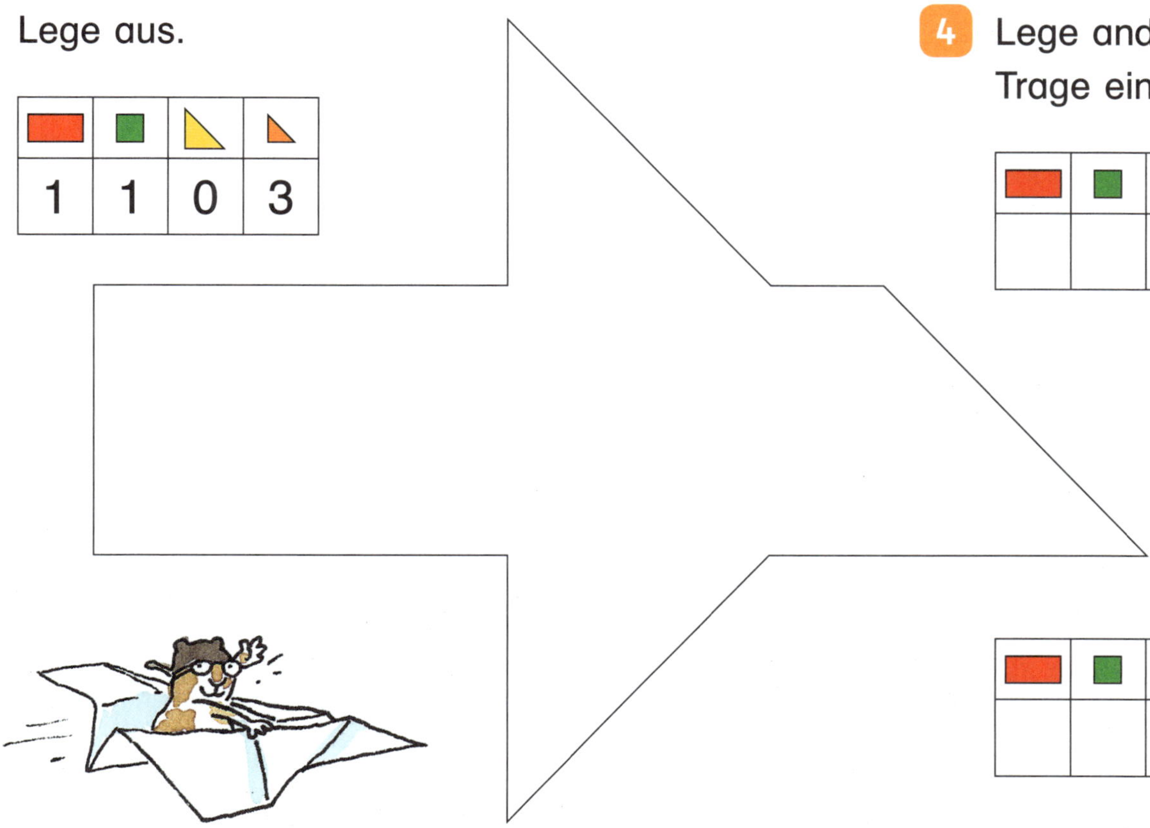

4 Lege anders aus.
Trage ein.

Figuren mit den vorgegeben Anzahlen und Arten von Formenplättchen aus der Beilage auslegen (es gibt mehrere Möglichkeiten); weitere Auslegemöglichkeiten mit unterschiedlichen Plättchenkombinationen finden und in die Tabelle eintragen.

Mit Dreiecken legen

1 Lege mit acht Dreiecken aus.

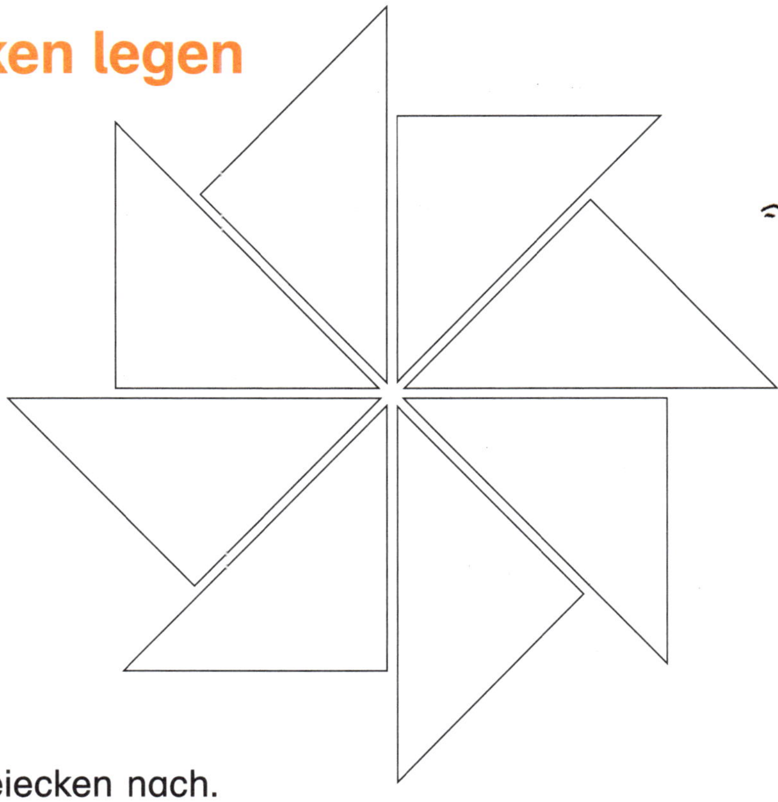

2 Lege mit acht Dreiecken nach.

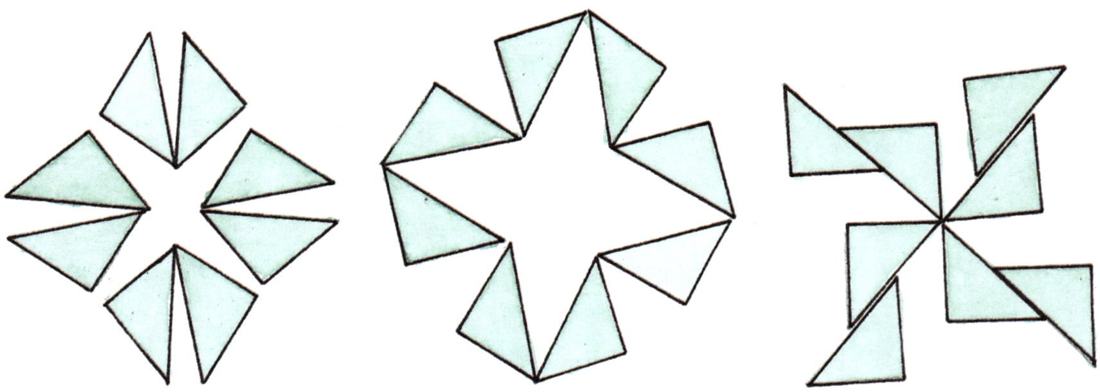

3 Zeichne nach. Setze fort.

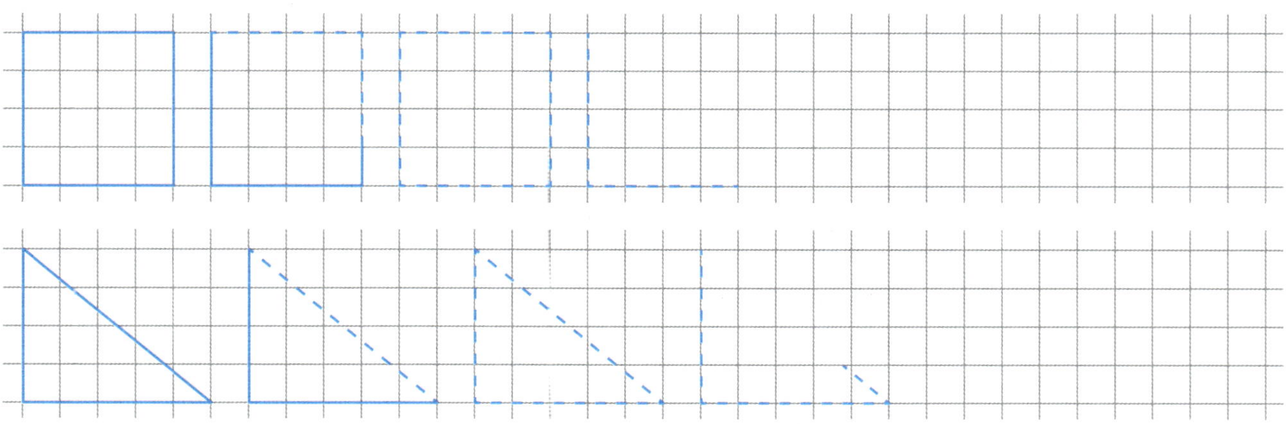

4 Lege eigene Muster oder Figuren. Zeichne sie in dein Heft.

Figuren mit den kleinen Dreiecken der Formenplättchen aus der Beilage aus- und nachlegen; Formen nachzeichnen, Symbolfolgen fortsetzen; eigene Muster oder Figuren mit den Dreiecken legen und nachzeichnen.

Figuren nachlegen

1 Lege nach. Trage ein.

2 Male an. Trage ein.

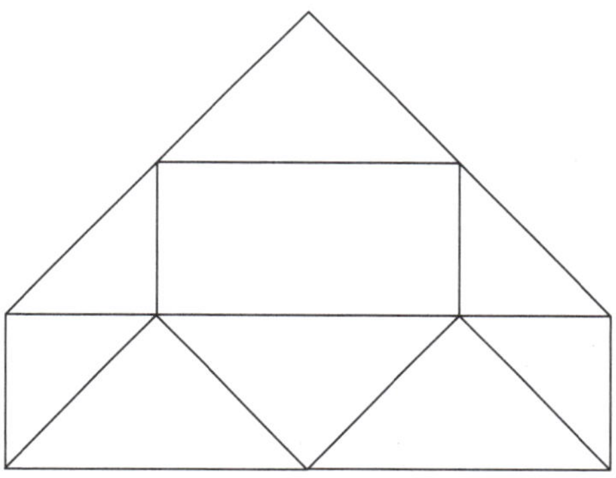

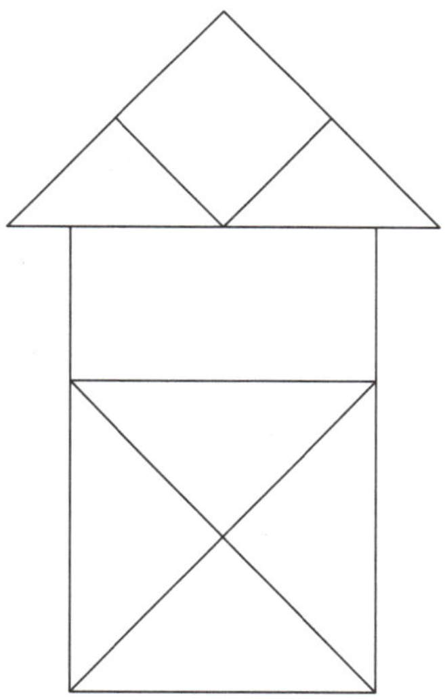

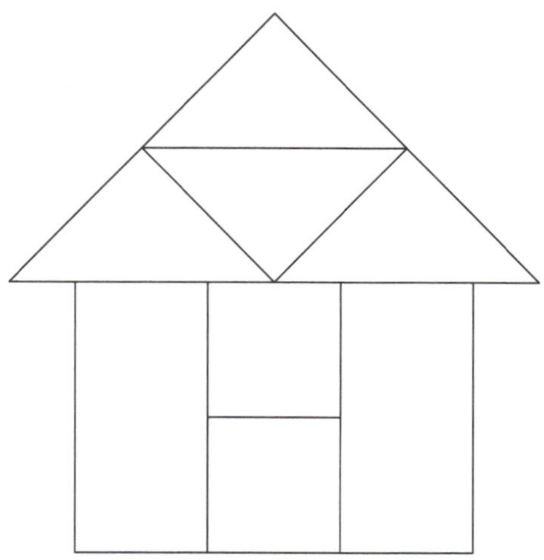

Figuren mit den Formenplättchen aus der Beilage nachlegen, Anzahl der verwendeten Formenplättchen in die Tabelle eintragen; Figuren einfärben, Tabellen ausfüllen.

Einen Fangbecher falten

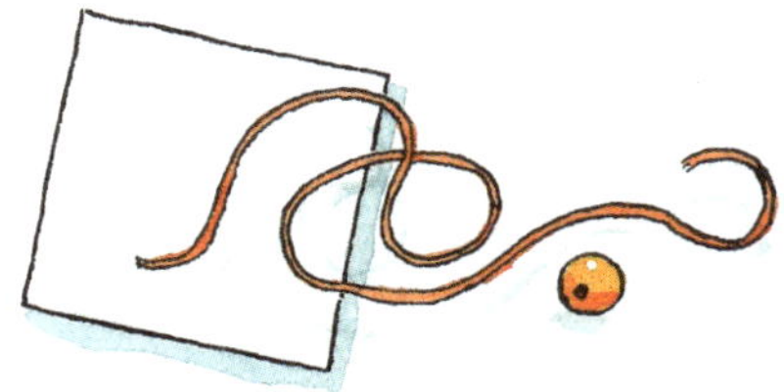

1 Falte.

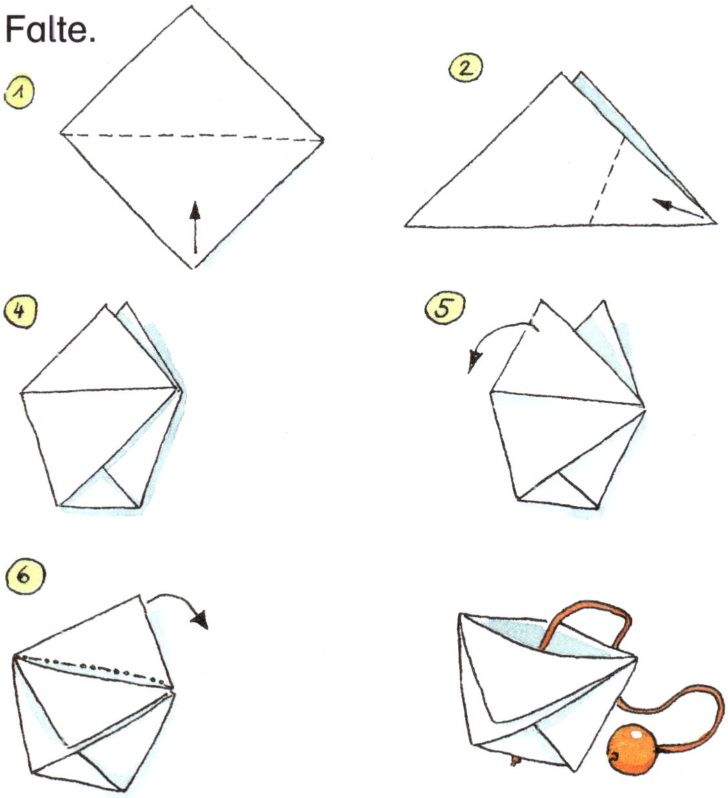

2 Zeichne nach. Setze fort.

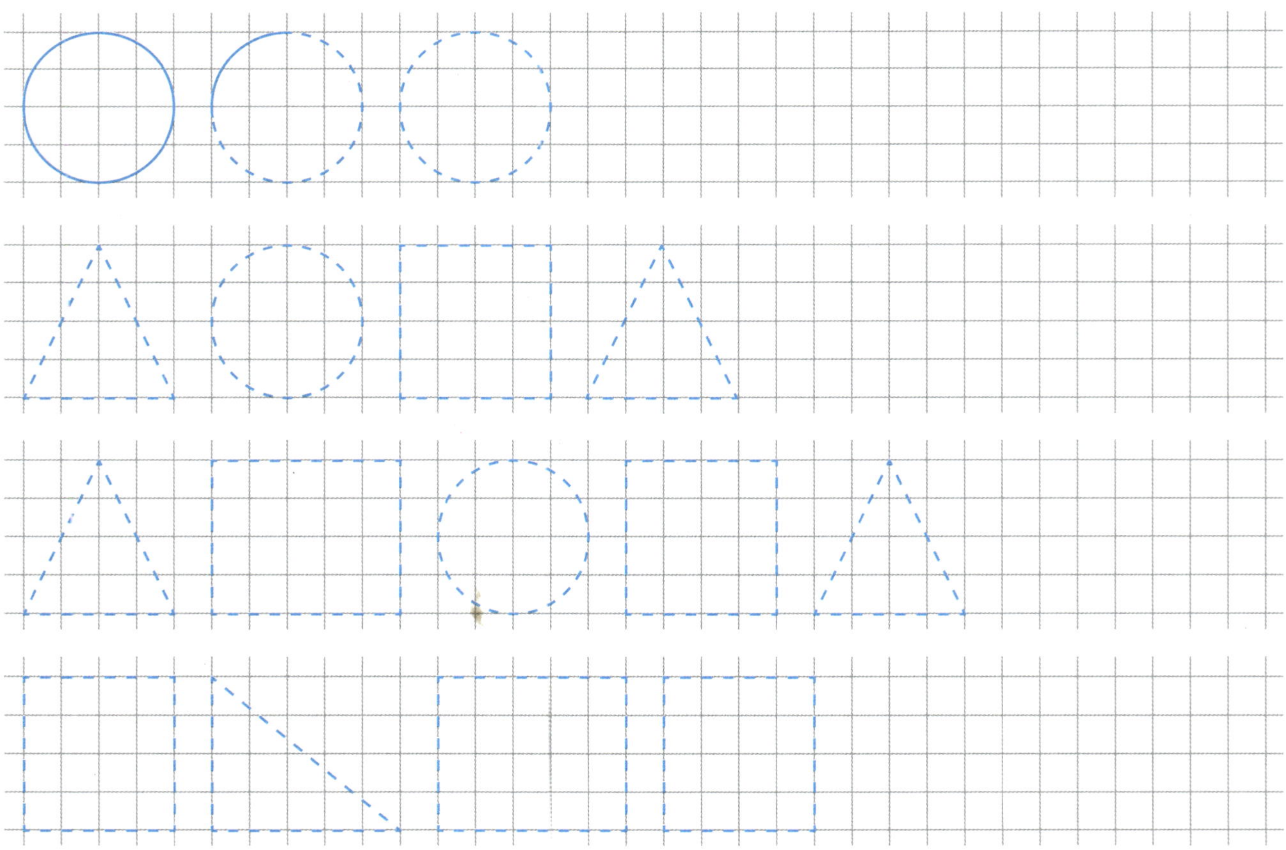

Fangbecher nach Anleitung falten, Faltlinien besprechen (· · – · · Bergfalte / – – – Talfalte), Funktionsfähigkeit ausprobieren; Formen nachzeichnen, Symbolfolgen fortsetzen.

Formenmeister

1 Lege verschieden aus. Trage ein. Male.

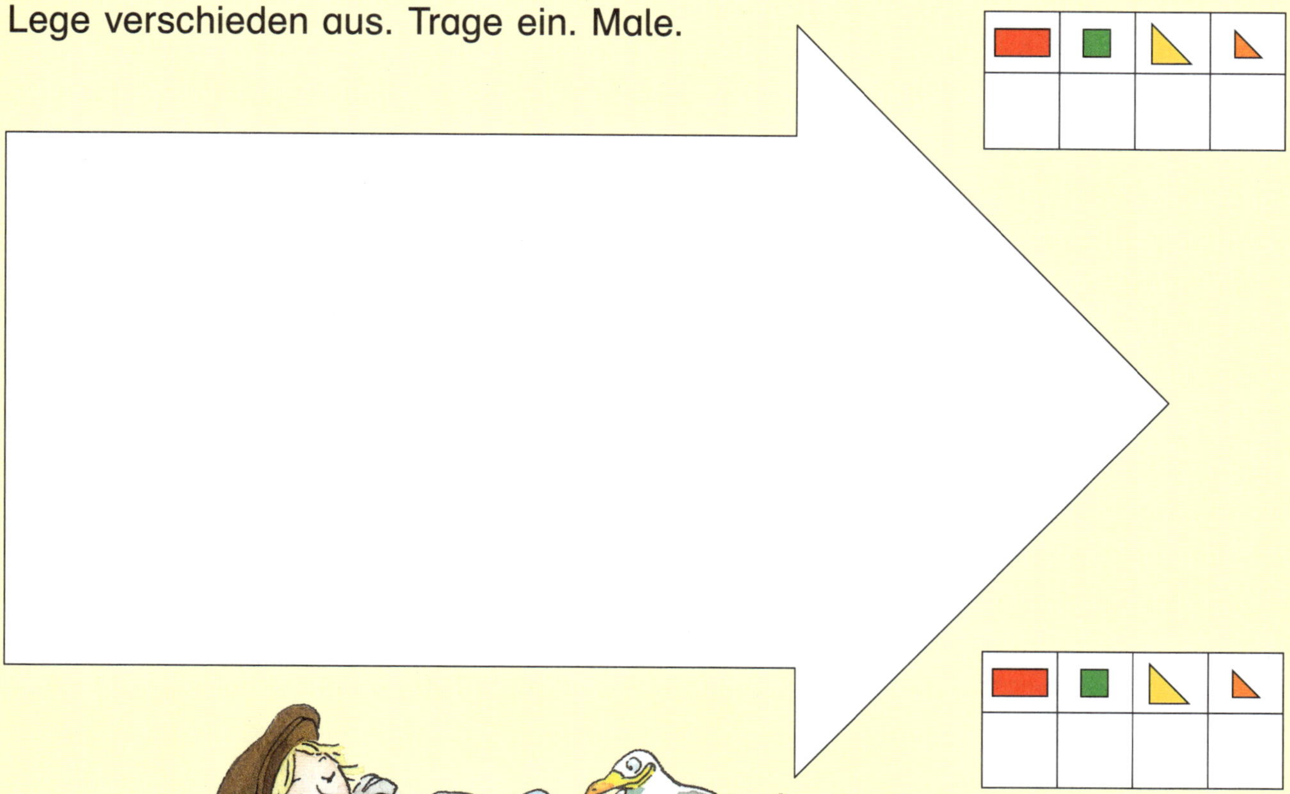

2 Lege nach.

3 Zeichne nach. Setze fort.

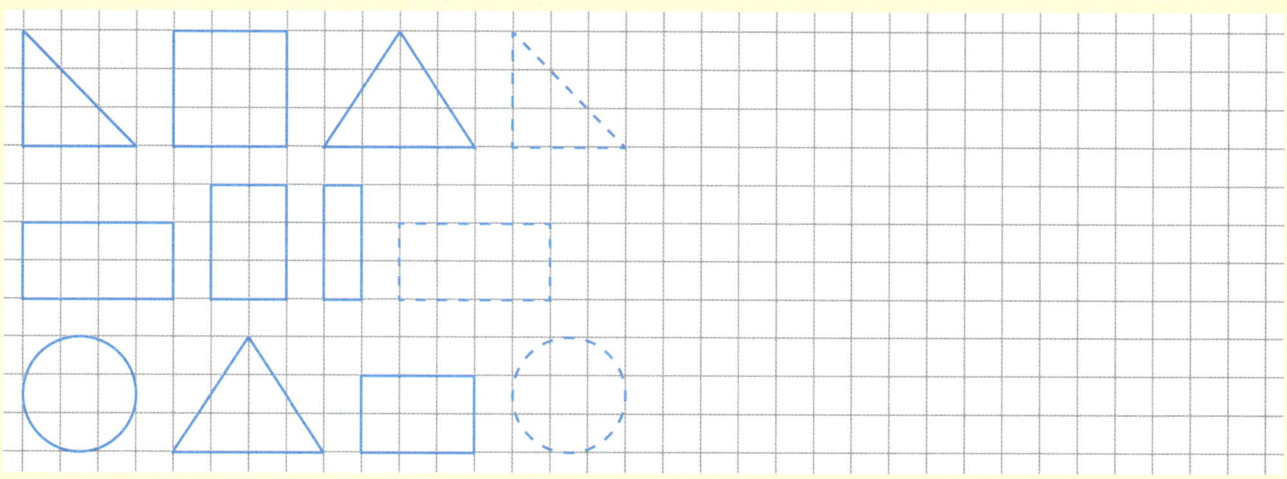

Figur mit den Formenplättchen aus der Beilage auslegen, zwei Möglichkeiten finden, Anzahl der verwendeten Formenplättchen in die Tabelle eintragen, eine Lösung einzeichnen; Figuren mit den Formenplättchen nachlegen; Formen nachzeichnen, Symbolfolgen fortsetzen.

Das Plus-Minus-Haus

Zum Bild erzählen; Lagebeziehungen: Lage von Dingen und Positionen der Kinder beschreiben (vor, hinter, neben, links, rechts, über, unter); in den Bildsituationen Additions- und Subtraktionsaufgaben entdecken; Szenen nachspielen.

8 – 2

1 Erzähle Rechengeschichten.

2 Schreibe Aufgaben.

Zum Bild erzählen; Rechengeschichten zu den Bildsituationen nacherzählen und nachspielen, passende Additions- und Subtraktionsaufgaben notieren; eigene Rechengeschichten erfinden und spielen; in der Umwelt nach Additions- und Subtraktionssituationen suchen.

Was passiert bei Plus?

4 + 2

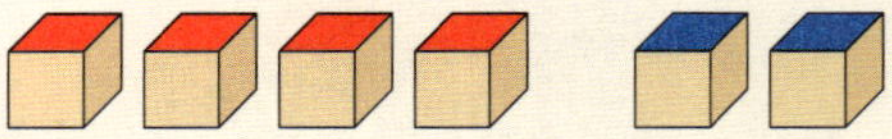

4 plus 2 gleich 6
4 + 2 = 6

4 + 2 = 6

1 Schreibe Plusaufgaben.

______ ______ ______

2 Male zu den Plusaufgaben.

3 + 3

1 + 4

3 Lege und rechne.

4 + 5 = ___	2 + 3 = ___	3 + 5 = ___	6 + 3 = ___
4 + 6 = ___	3 + 3 = ___	2 + 6 = ___	5 + 2 = ___
1 + 2 = ___	1 + 6 = ___	5 + 1 = ___	8 + 2 = ___
1 + 3 = ___	2 + 7 = ___	6 + 0 = ___	7 + 1 = ___

4 Male Rechengeschichten. Schreibe Aufgaben.

Addition als Dazukommen erkennen; Bildsituationen nachspielen und nacherzählen, Additionsaufgaben notieren; eigene Rechengeschichten zu Termen erfinden und malen; Additionsaufgaben rechnen, Gesetzmäßigkeiten erkennen und nutzen; Rechengeschichten erfinden und malen.

Plus – es wird mehr

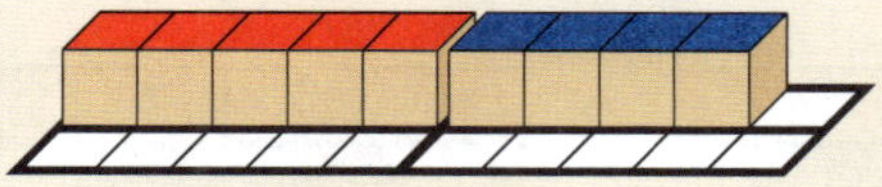

5 + 4 = 9

5 + 4 = 9

1 Lege nach. Rechne.

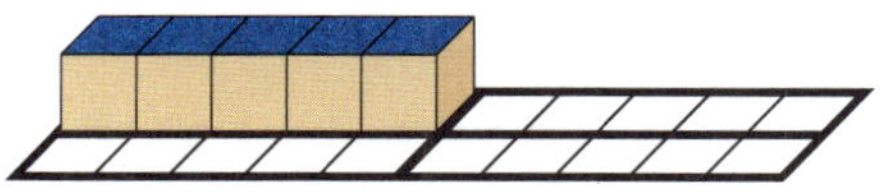

0 + 5 =

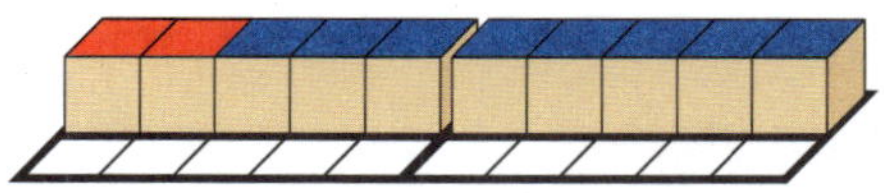

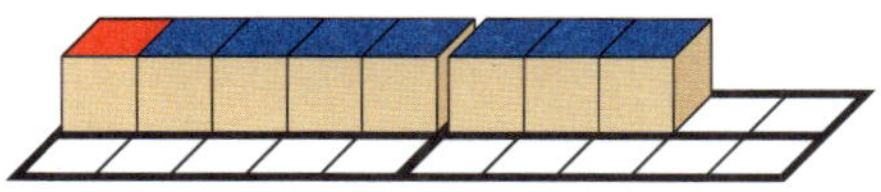

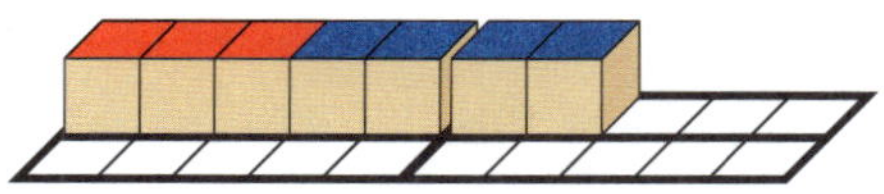

2 Lege nach. Rechne.

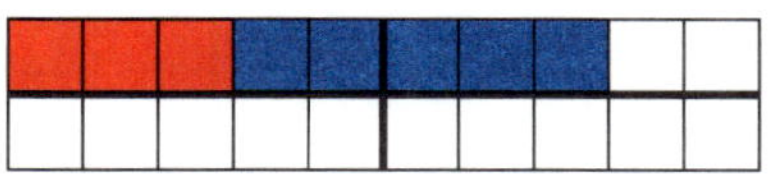

3 + 5 =

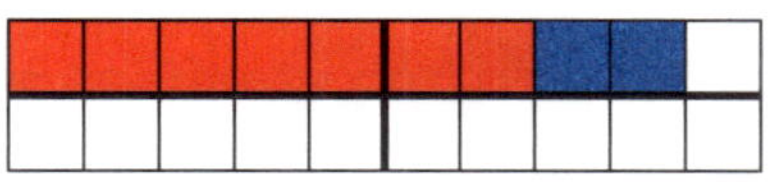

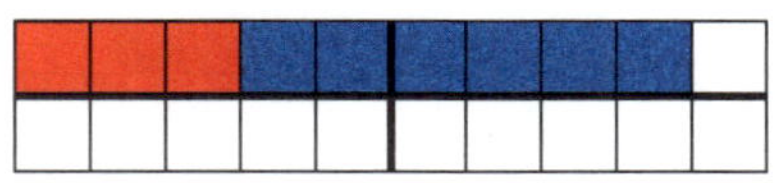

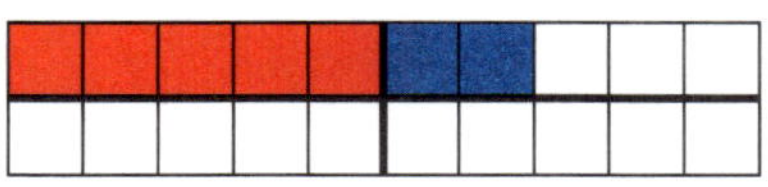

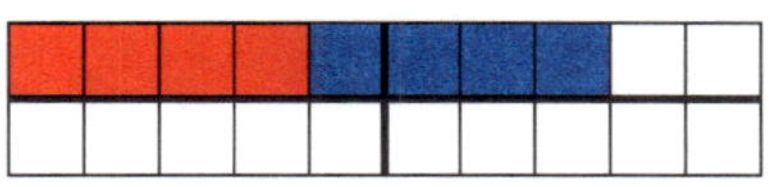

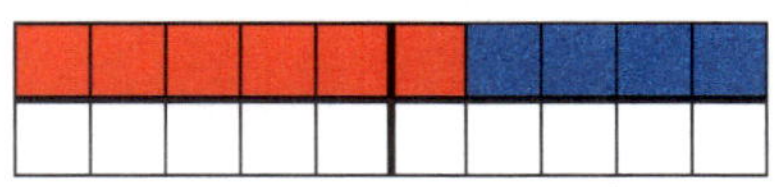

3 Male und rechne.

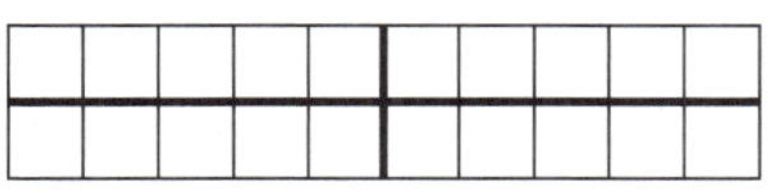

3 + 2 = ____

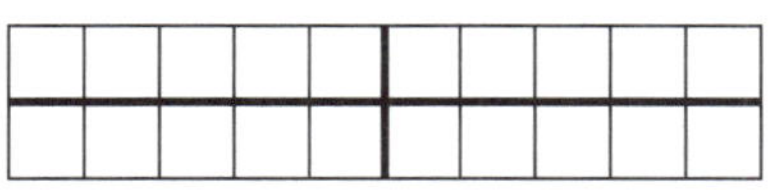

8 + 1 = ____

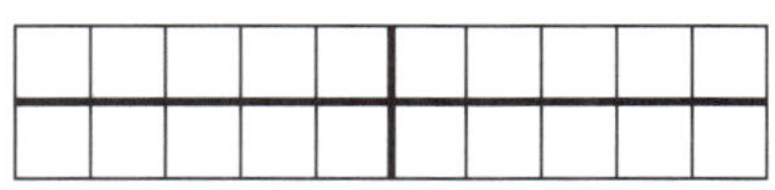

5 + 3 = ____

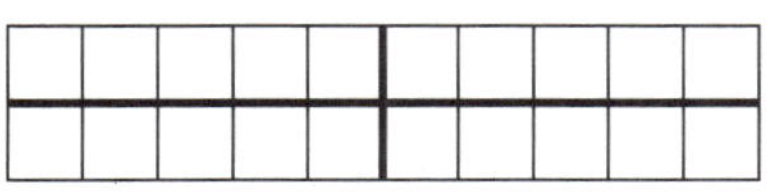

8 + 0 = ____

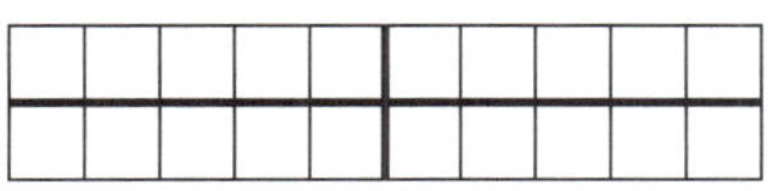

7 + 3 = ____

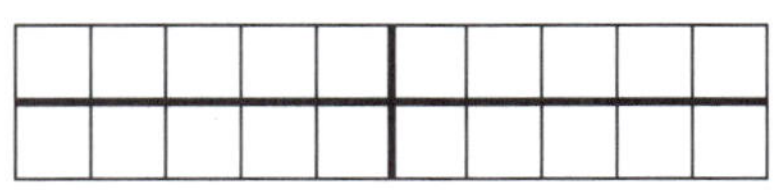

6 + 1 = ____

Additionsaufgaben im Zwanzigerfeld mit Würfeln und Plättchen legen; zu Zwanzigerfeldern passende Additionsaufgaben notieren; Additionsaufgaben in der ebenen Darstellung des Zwanzigerfelds erkennen; Zwanzigerfelder passend in zwei Farben färben, Ergebnis notieren.

Plusaufgaben im zweiten Zehner

1 Rechne.

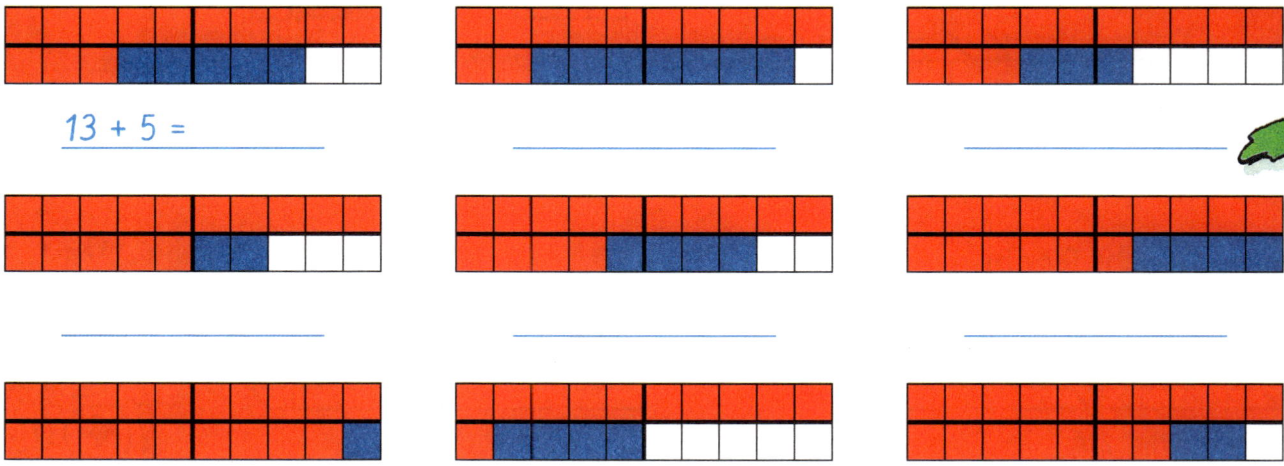

13 + 5 =

2 Male und rechne.

13 + 2 = ____ 11 + 7 = ____ 10 + 4 = ____

16 + 0 = ____ 18 + 2 = ____ 17 + 1 = ____

3 Lege und rechne.

11 + 5 = ____ 17 + 3 = ____
10 + 2 = ____ 12 + 6 = ____
13 + 4 = ____ 15 + 5 = ____
18 + 1 = ____ 13 + 0 = ____

11 + 3 = ____ 12 + 1 = ____
15 + 4 = ____ 14 + 6 = ____
10 + 8 = ____ 19 + 0 = ____
14 + 3 = ____ 10 + 10 = ____

4 Finde eigene Aufgaben.

Additionsaufgaben im zweiten Zehner im Zwanzigerfeld mit Würfeln und Plättchen nachlegen, passende Additionsaufgaben notieren; Zwanzigerfelder passend in zwei Farben färben, rechnen; eigene Aufgaben notieren und rechnen.

Würfel tauschen

Tauschaufgaben

2 + 3 = 5

3 + 2 = 5

1 Schreibe und rechne.

___ + ___ = ___ ___ + ___ = ___

___ + ___ = ___ ___ + ___ = ___

2 Male und rechne Tauschaufgaben.

2 + 5 = ___ 4 + 1 = ___

___ + ___ = ___ ___ + ___ = ___

3 + 0 = ___ 4 + 4 = ___

___ + ___ = ___ ___ + ___ = ___

3 Lege und rechne.

2 + 7 = ___	1 + 8 = ___	4 + 3 = ___	1 + 9 = ___
7 + 2 = ___	8 + 1 = ___	3 + 4 = ___	9 + 1 = ___
11 + 1 = ___	16 + 4 = ___	0 + 5 = ___	13 + 6 = ___
1 + 11 = ___	4 + 16 = ___	5 + 0 = ___	6 + 13 = ___
14 + 5 = ___	1 + 13 = ___	2 + 6 = ___	15 + 3 = ___
5 + 14 = ___	13 + 1 = ___	6 + 2 = ___	3 + 15 = ___

Tauschaufgaben kennen lernen, Zusammenhang zwischen den Aufgaben erkennen; Tauschaufgaben mit Würfeln und Plättchen nachlegen; Tauschaufgaben notieren, Plättchen passend färben.

Was passiert bei Minus?

6 minus 2 gleich 4

6 – 2 = 4

6 – 2

6 – 2 = 4

1 Schreibe Minusaufgaben.

__________ __________ __________

2 Male zu den Minusaufgaben.

4 – 3

6 – 1

3 Lege, nimm weg und rechne.

8 – 5 = ___	5 – 3 = ___	9 – 5 = ___	4 – 0 = ___
8 – 6 = ___	6 – 3 = ___	10 – 6 = ___	3 – 1 = ___
7 – 2 = ___	8 – 7 = ___	3 – 2 = ___	7 – 5 = ___
7 – 1 = ___	9 – 7 = ___	2 – 1 = ___	6 – 6 = ___

4 Male Rechengeschichten. Schreibe Aufgaben.

Subtraktion als Wegnehmen bzw. Entfernen erkennen; Bildsituationen nachspielen und nacherzählen, Subtraktionsaufgaben notieren; eigene Rechengeschichten zu Termen erfinden und malen; Subtraktionsaufgaben rechnen, Gesetzmäßigkeiten erkennen und nutzen; Rechengeschichten erfinden und malen.

Minus – es wird weniger

9 – 4 = 5

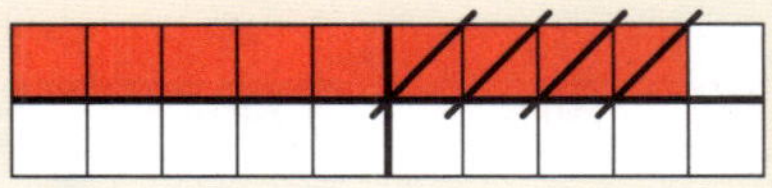

9 – 4 = 5

1 Lege nach. Nimm weg. Rechne.

7 – 4 = ______

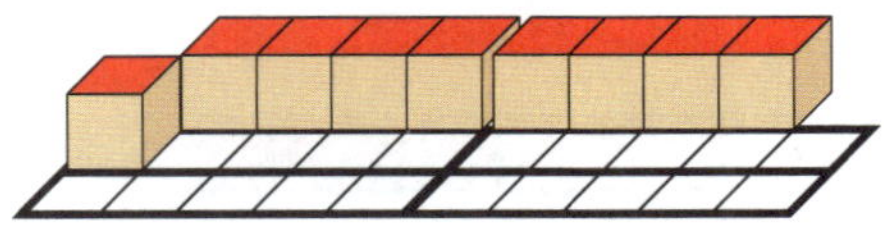

______

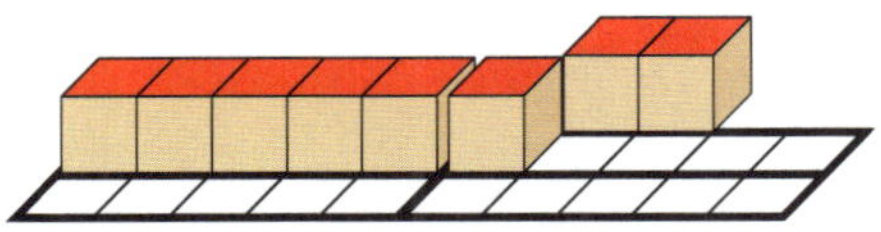

______

______

2 Streiche durch. Rechne.

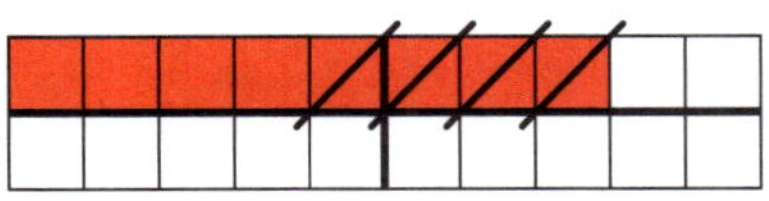

8 – 4 = ___

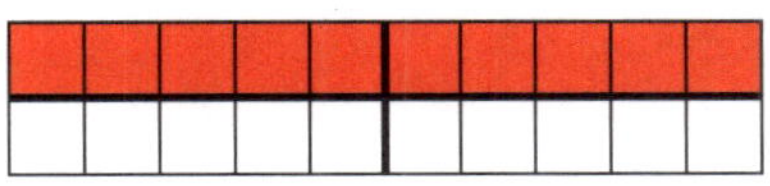

10 – 5 = ___

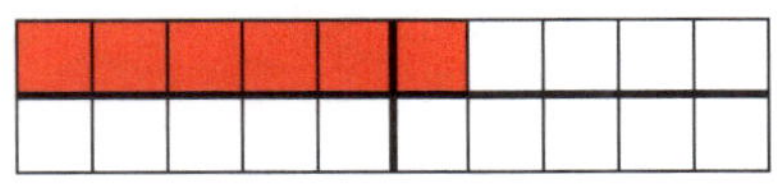

6 – 2 = ___

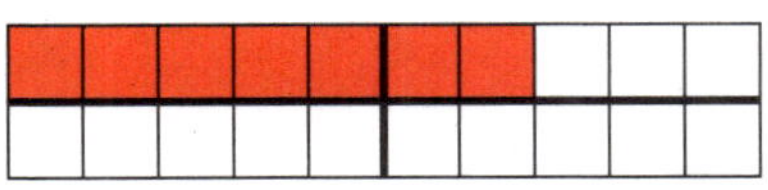

7 – 5 = ___

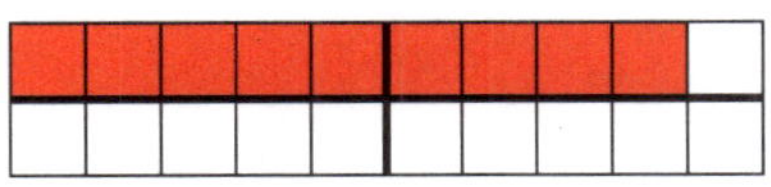

9 – 3 = ___

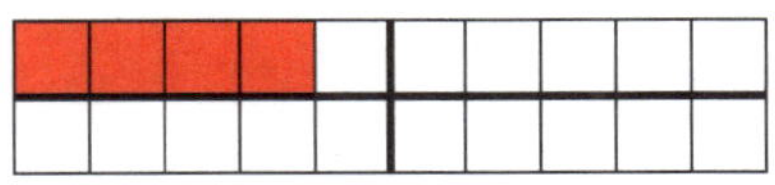

4 – 4 = ___

3 Male, streiche durch und rechne.

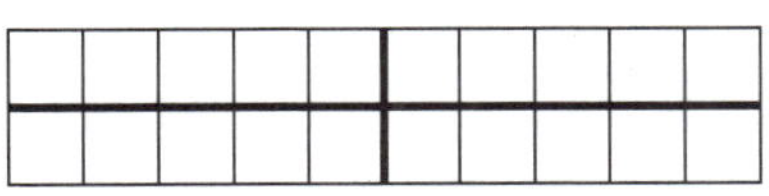

7 – 3 = ___

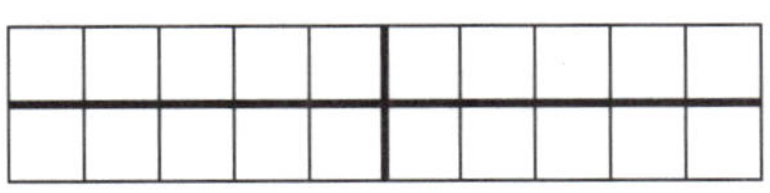

6 – 0 = ___

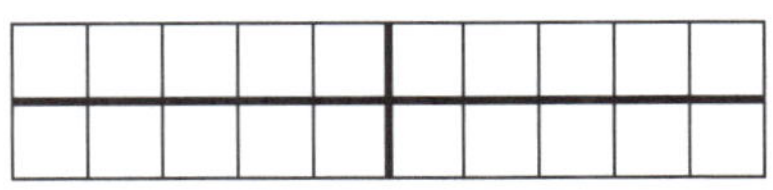

8 – 1 = ___

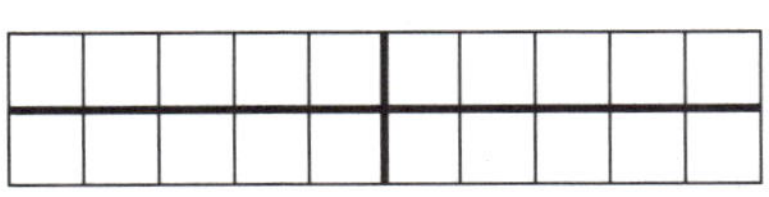

5 – 1 = ___

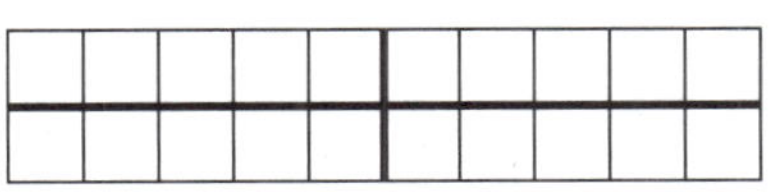

9 – 2 = ___

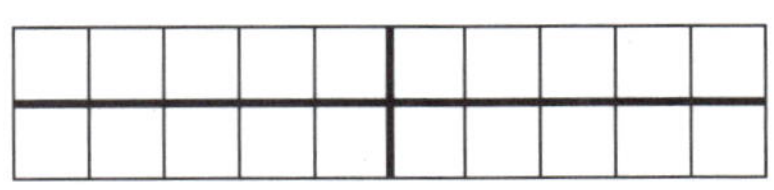

10 – 7 = ___

Subtraktionsaufgaben im Zwanzigerfeld mit Würfeln und Plättchen nachlegen; zu Zwanzigerfeldern passende Subtraktionsaufgaben notieren; Subtraktionsaufgaben in der ebenen Darstellung des Zwanzigerfelds erkennen; im Zwanzigerfeld passend färben und durchstreichen, Ergebnis notieren.

Minusaufgaben im zweiten Zehner

1 Streiche durch und rechne.

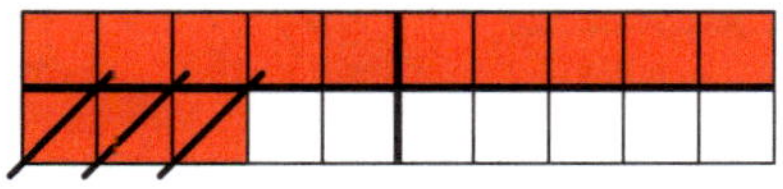

13 – 3 = ____

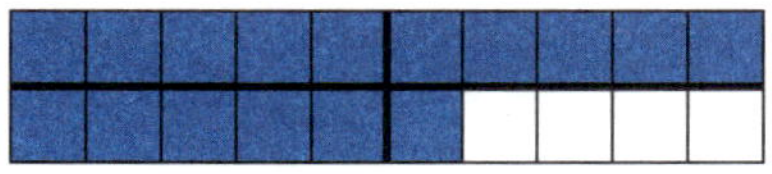

16 – 0 = ____

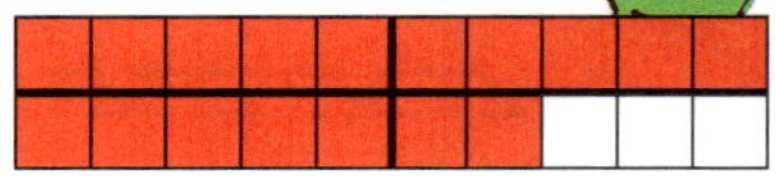

17 – 6 = ____

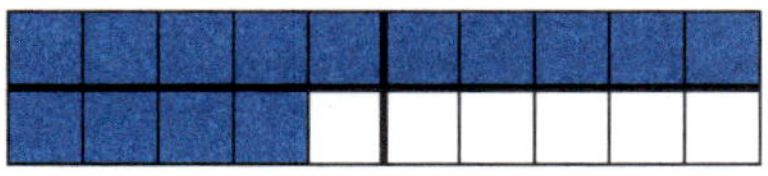

14 – 2 = ____

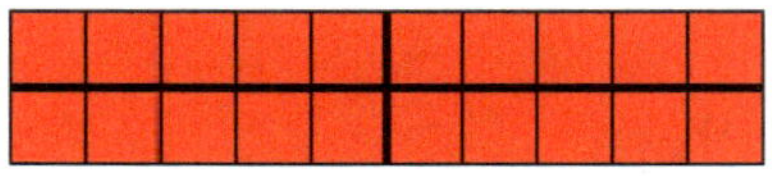

20 – 7 = ____

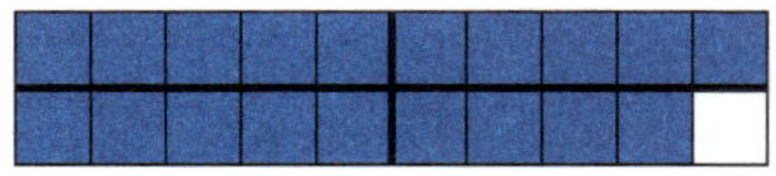

19 – 5 = ____

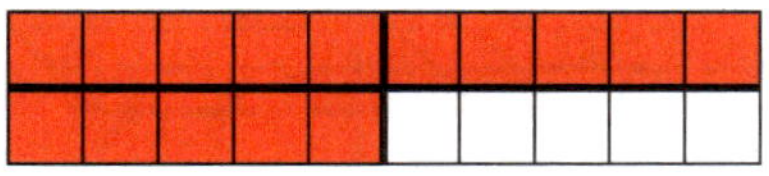

15 – 4 = ____

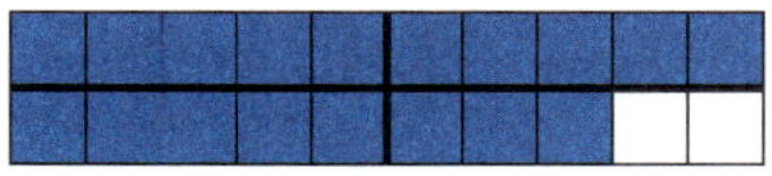

18 – 3 = ____

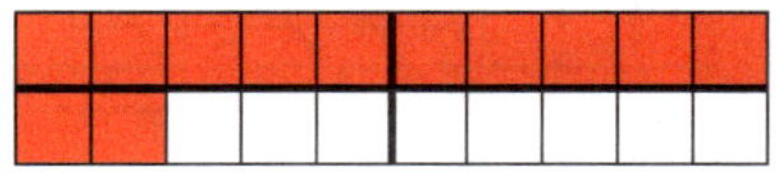

12 – 1 = ____

2 Male, streiche durch und rechne.

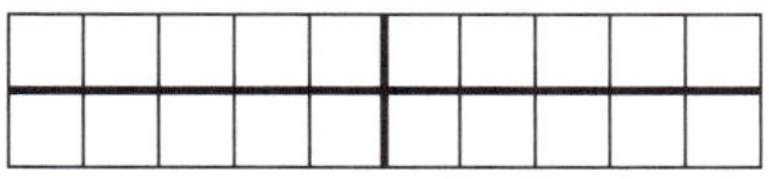

15 – 2 = ____

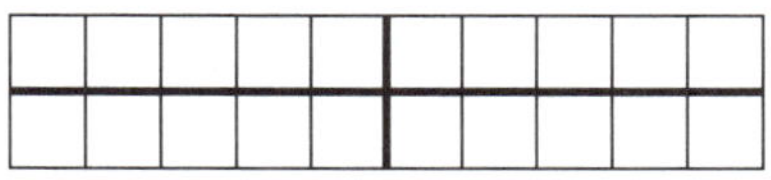

16 – 1 = ____

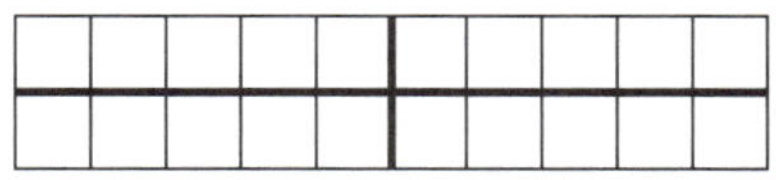

17 – 4 = ____

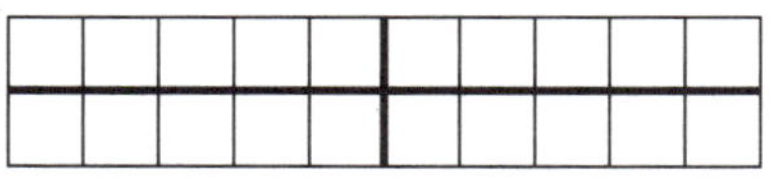

20 – 5 = ____

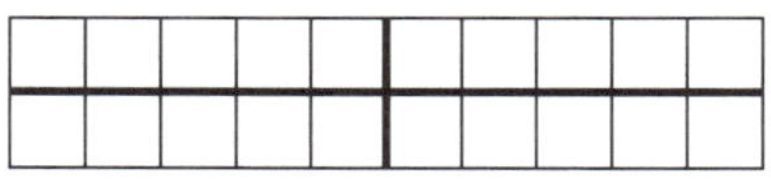

18 – 4 = ____

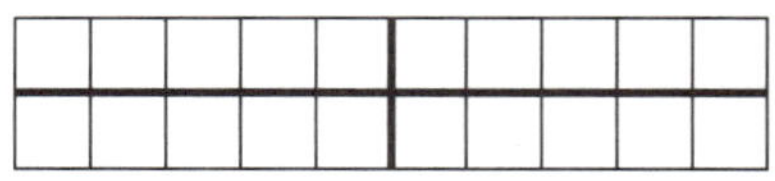

19 – 3 = ____

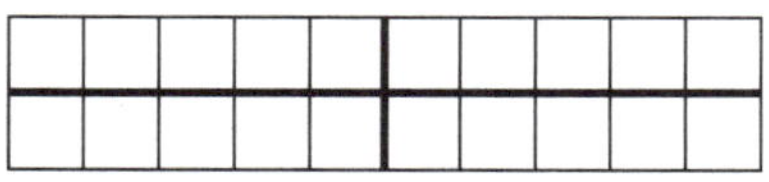

14 – 0 = ____

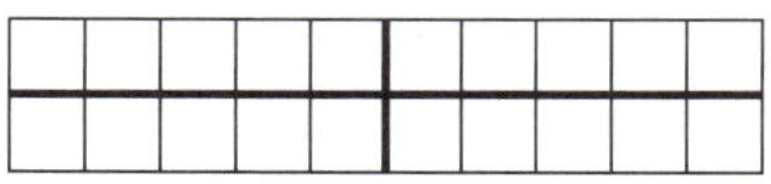

20 – 2 = ____

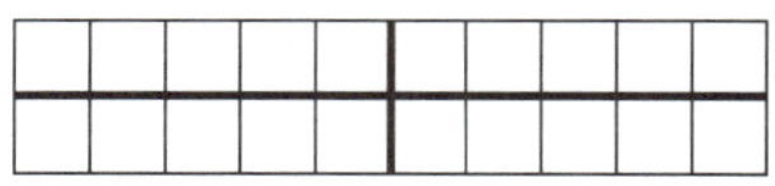

15 – 5 = ____

3 Lege, nimm weg und rechne.

16 – 5 = ____ 20 – 3 = ____ 14 – 3 = ____ 15 – 4 = ____
12 – 2 = ____ 18 – 6 = ____ 20 – 9 = ____ 11 – 0 = ____

14 – 4 = ____ 17 – 5 = ____ 18 – 8 = ____ 16 – 3 = ____
19 – 1 = ____ 13 – 0 = ____ 15 – 3 = ____ 18 – 2 = ____

4 Finde eigene Aufgaben.

Subtraktionsaufgaben im zweiten Zehner im Zwanzigerfeld mit Würfeln und Plättchen nachlegen, passende Subtraktionsaufgaben notieren; im Zwanzigerfeld passend färben und durchstreichen, rechnen; eigene Aufgaben notieren und rechnen.

Plus und Minus

1 Schreibe Aufgaben.

2 Rechne.

12 + 5 = ____	18 + 2 = ____	14 + 0 = ____	10 + 9 = ____
17 + 1 = ____	16 + 3 = ____	13 + 4 = ____	12 + 1 = ____
13 + 2 = ____	11 + 5 = ____	11 + 8 = ____	16 + 2 = ____

3 Rechne.

14 – 1 = ____	20 – 6 = ____	13 – 2 = ____	16 – 6 = ____
18 – 2 = ____	15 – 4 = ____	17 – 4 = ____	15 – 2 = ____
19 – 0 = ____	16 – 1 = ____	19 – 3 = ____	17 – 5 = ____

4 Rechne.

11 + 6 = ____	18 – 3 = ____	15 + 5 = ____	17 – 1 = ____
12 + 6 = ____	18 – 4 = ____	20 – 5 = ____	16 – 0 = ____
13 + 6 = ____	18 – 5 = ____	19 – 7 = ____	15 + 3 = ____
14 + 6 = ____	18 – 6 = ____	12 + 7 = ____	14 + 4 = ____

5 Trage + oder – ein.

5 ◯ 4 = 9	10 ◯ 2 = 8	12 ◯ 4 = 16
10 ◯ 8 = 2	2 ◯ 5 = 7	20 ◯ 4 = 16
10 ◯ 3 = 13	10 ◯ 3 = 7	10 ◯ 4 = 6

Rechengeschichte erzählen, entscheiden, ob es eine Additions- oder Subtraktionssituation ist, Aufgabe notieren; Additions- und Subtraktionsaufgaben rechnen; Rechenzeichen einsetzen.

Plus und Minus gehören zusammen

Umkehraufgaben

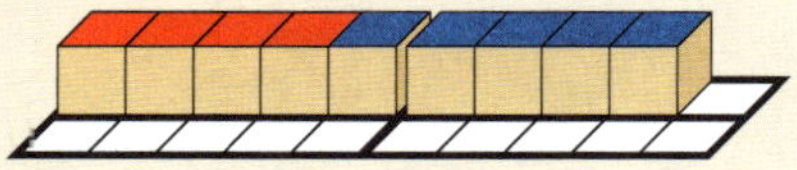
4 + 5 = 9

14 + 5 = 19

9 – 5 = 4

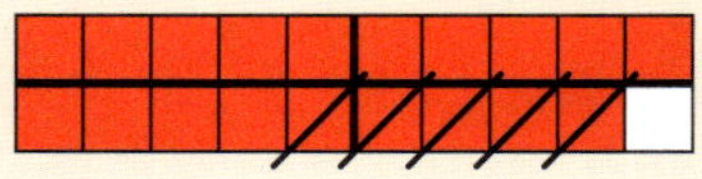
19 – 5 = 14

1 Male und rechne Umkehraufgaben.

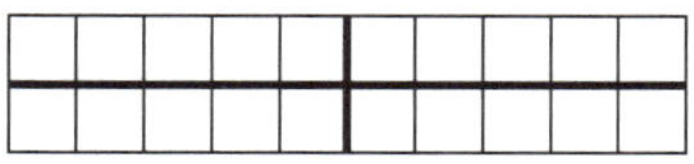
2 + 5 = ____

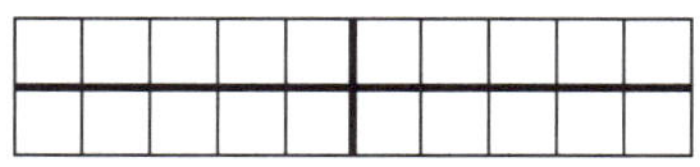
12 + 4 = ____

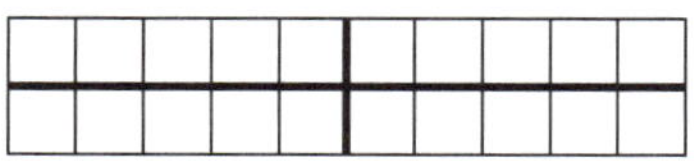
____ – 5 = ____

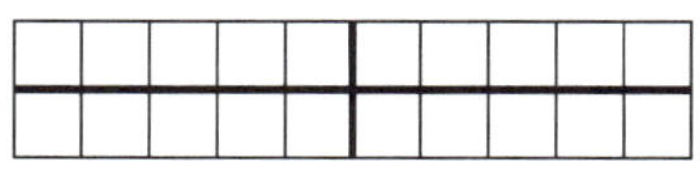
____

2 Lege und rechne.

4 + 3 = ____	8 + 1 = ____	10 + 4 = ____	12 + 8 = ____
7 – 3 = ____	9 – 1 = ____	14 – 4 = ____	20 – 8 = ____
12 + 3 = ____	11 + 9 = ____	15 + 0 = ____	10 + 6 = ____
15 – 3 = ____	20 – 9 = ____	15 – 0 = ____	16 – 6 = ____

3 Was gehört zusammen? Verbinde.

7 + 2 =

13 + 7 =

16 – 5 =

11 + 5 =

9 – 2 =

20 – 7 =

12 + 6 =

18 – 6 =

Umkehraufgaben kennen lernen; im Zwanzigerfeld Umkehraufgaben mit Würfeln und Plättchen nachlegen; im Zwanzigerfeld passend Aufgaben und Umkehraufgaben färben und durchstreichen, Ergebnis notieren; Umkehraufgaben rechnen; Aufgabe und Umkehraufgabe miteinander verbinden.

Plus und Minus bis 20

1 Male und rechne.

7 + 2 = ____ 13 + 6 = ____ 10 + 5 = ____

2 Rechne.

3 + 3 = ____	4 + 6 = ____	2 + 2 = ____	1 + 9 = ____
3 + 5 = ____	6 + 4 = ____	12 + 2 = ____	9 + 1 = ____
3 + 7 = ____	16 + 4 = ____	5 + 5 = ____	18 + 1 = ____

3 Male, streiche durch und rechne.

8 − 5 = ____ 16 − 3 = ____ 20 − 4 = ____

4 Rechne.

9 − 4 = ____	14 − 3 = ____	8 − 5 = ____	20 − 6 = ____
8 − 4 = ____	18 − 7 = ____	5 − 3 = ____	20 − 7 = ____
7 − 4 = ____	13 − 0 = ____	15 − 3 = ____	10 − 7 = ____

5 Rechne.

10 + 9 = ____	16 + 2 = ____	2 + 5 = ____	17 + 3 = ____
19 − 9 = ____	18 − 2 = ____	7 − 5 = ____	20 − 3 = ____

6 Trage + oder − ein.

6 ◯ 3 = 9	11 ◯ 4 = 15	20 ◯ 1 = 19
10 ◯ 7 = 3	13 ◯ 3 = 16	16 ◯ 1 = 15
10 ◯ 7 = 17	16 ◯ 6 = 10	14 ◯ 2 = 16

Additions- und Subtraktionsaufgaben im Zwanzigerfeld darstellen und rechnen; Umkehraufgaben rechnen; Rechenzeichen eintragen.

Ein neues Jahr beginnt

Zum Bild erzählen; über Kalender und Termine im Januar sprechen.

1 Erzähle zum Bild.

2 Wann hat Elena Geburtstag?

3 Wann hast du Geburtstag?

Über Kalender, Daten und Geburtstage sprechen, die Zahlenreihe erkennen, Ordnungszahlen verwenden; Lagebeziehungen: Positionen der Kinder, Kalender, Schachteln und Utensilien im Regal beschreiben.

Reihenfolgen

1.	2.	3.	4.	5.
erster	zweiter	dritter	vierter	fünfter

Der vierte  hat einen  .

1 Trage ein.

1. 2. 3. 4. 5. 6. 7.

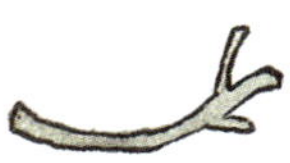 : 1. ____ ____ ____

 : ____ ____ ____

 : ____ ____ ____

 : ____ ____ ____

2 Male.

____ ____ ____ ____ ____ ____ ____

 : 2. 5. 6.

 : 2. 3. 6.

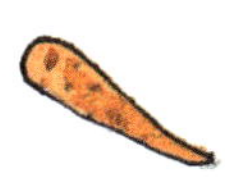 : 1. 4. 7.

 : 1. 5. 7.

Ordnungszahlen kennen lernen; Positionen der gesuchten Utensilien bestimmen, Ordnungszahlen notieren; nach Vorschrift bei den Schneemännern die Utensilien dazumalen.

3 Bestimme die Reihenfolge.

4 Stelle eine Schneemann-Girlande her.

6.

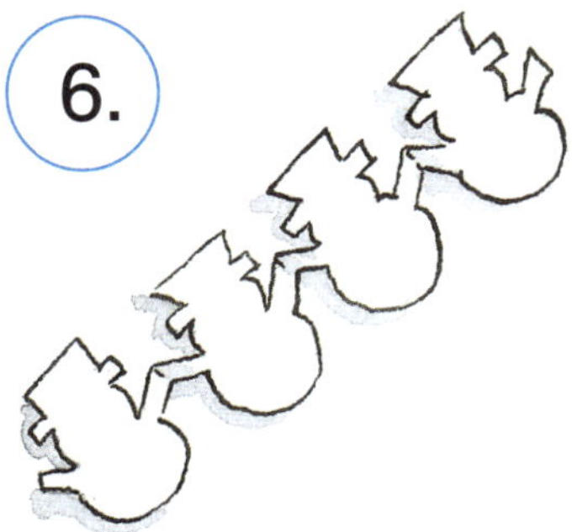

1.

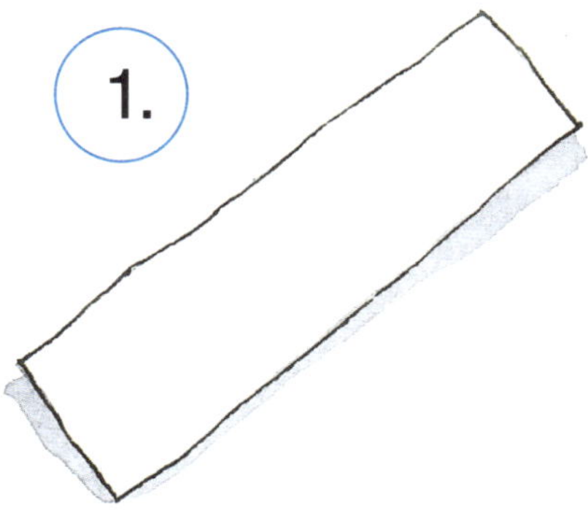

4.

3.

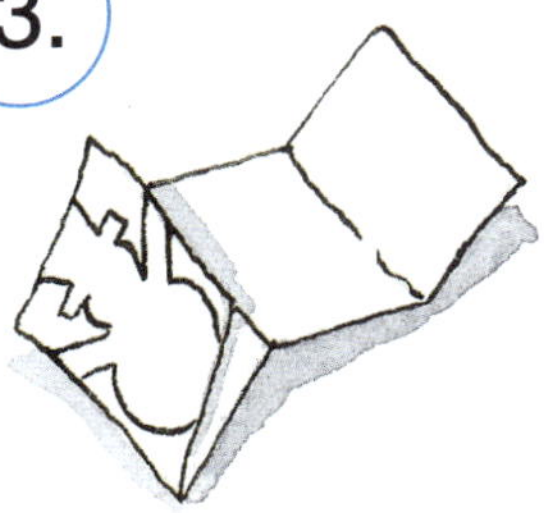

5.

2.

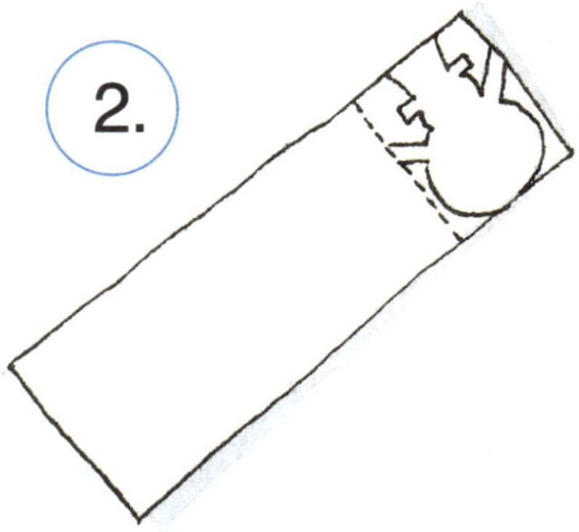

Bilder nach der zeitlichen Abfolge sortieren, Ordnungszahlen notieren; eine Schneemann-Girlande nach der Faltanleitung falten und herstellen.

Termine im Januar

Januar
8
8. 1.

Der Januar ist der **erste** Monat im Jahr.

Der 8. 1. ist der **achte** Tag im Januar.

Januar
1
2
3
4
5
6
7
8
9
10
11
12
13
14
15
16
17
18
19
20
21
22
23
24
25
26
27
28
29
30
31

1 Schreibe das Datum.

Januar 23	Januar 6	Januar 15	Januar 30
23. 1.	____	____	____

2 Trage ein.

Januar ___	Januar ___	Januar ___	Januar ___
10. 1.	21. 1.	4. 1.	12. 1.

3 Ordne.

Januar 19	Januar 7	Januar 2 ✓	Januar 20	Januar 18	Januar 11	Januar 5

2. 1. ____ ____ ____ ____ ____ ____

Ordnungszahlen und Daten notieren; Daten der Reihe nach ordnen.

Immer der Reihe nach

1 Trage ein.

___   2.   ___   ___   ___   ___   ___   ___

 : ___ ___ ___

 : ___ ___ ___

 : ___ ___ ___

 : ___ ___ ___

2 Trage ein.

Januar 16   Januar 25   Januar 1   Januar 19   Januar 8

___   ___   ___   ___   ___

3 Ordne.

Januar 12   Januar 9   Januar 3   Januar 20   Januar 17   Januar 11   Januar 21

___ ___ ___ ___ ___ ___ ___

Symmetrie des Körpers

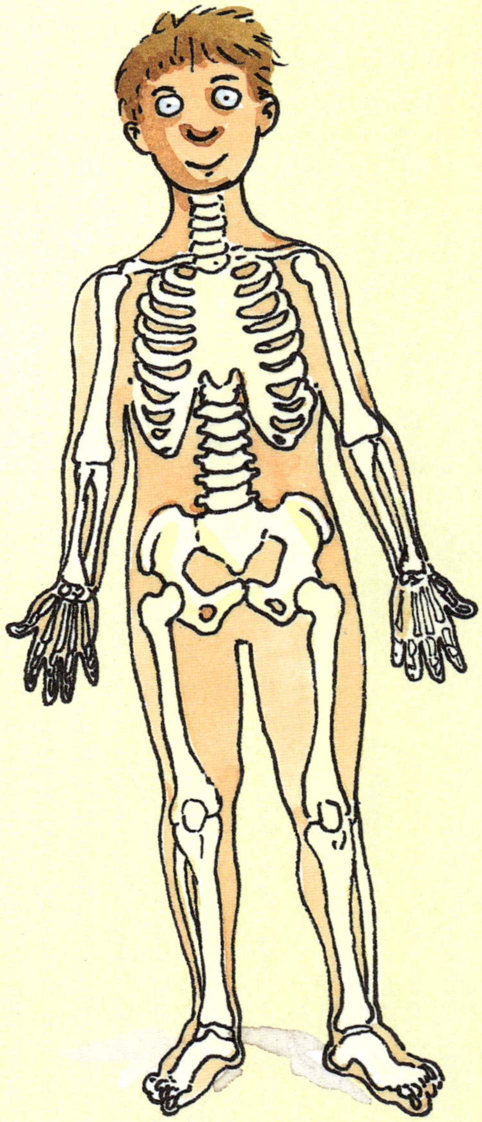

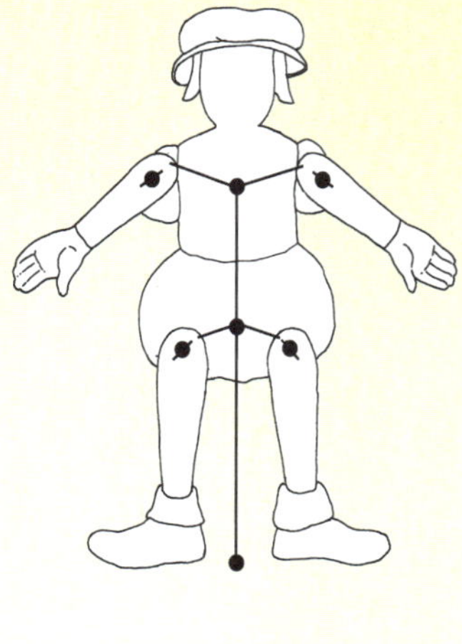

Symmetrie am menschlichen Körper wahrnehmen; Beobachtungen am Spiegel machen; rechte und linke Körperseiten und Körpersenkrechte erkennen; Koordinationsübung Hampelmann-Springen als symmetrische Bewegung; Körpergefühl gewinnen.

1 Schau dir die Bilder an. Wo findest du gleiche Teile?

2 Bewege dich wie Leonardo.

3 Bewege dich wie ein Vogel oder wie ein Schmetterling.

4 Stellt euch vor, die Teile wären nicht gleich.

Symmetrie bei Tieren erkennen; Untersuchungen auf gleiche Teile mit dem Spiegel durchführen; Bewegung von Tieren durch synchrones Bewegen beider Körperseiten nachahmen; die eigenen Körperseiten und die Körpersenkrechte wahrnehmen; Lagebeziehungen: Positionen von Körperteilen beschreiben.

Symmetrie durch Falten

1 Falte und kleckse. Male die Faltlinie rot nach.

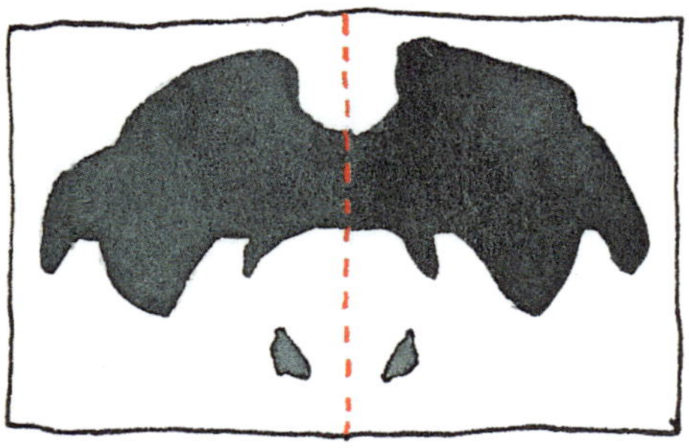

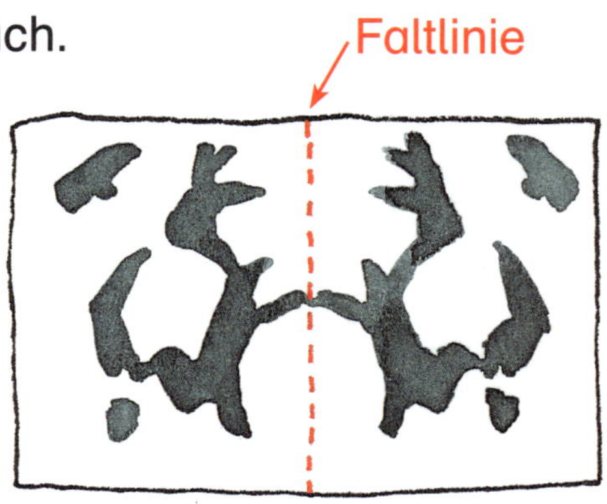

2 Falte und schneide.

3 Falte und schneide eigene Figuren.

4 Was wurde ausgeschnitten? Verbinde.

Achsensymmetrische Bilder und Figuren durch Falten und Klecksen sowie Falten und Schneiden herstellen; Faltlinie rot nachmalen; gefaltete Schnittvorlagen und Herausgeschnittenes verbinden.

Spiegeln

Spiegellinie

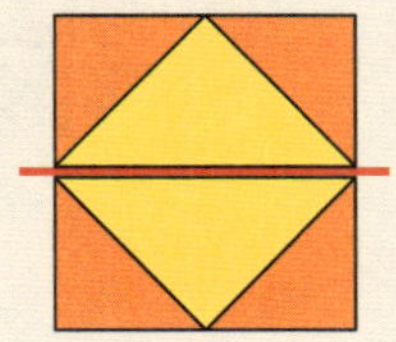

1 Lege aus und lege das Spiegelbild.

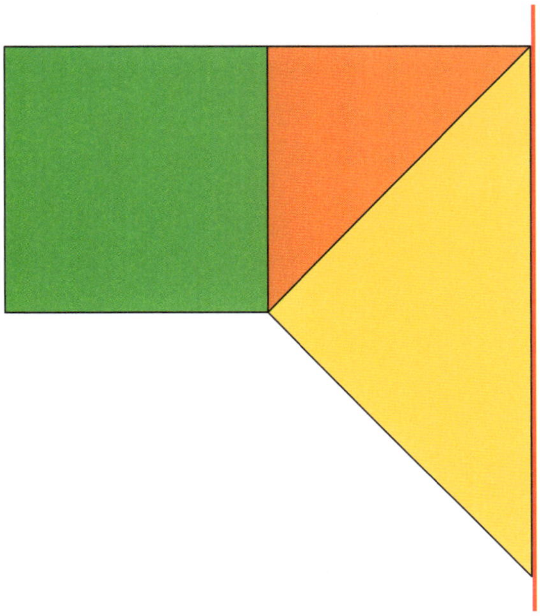

2 Lege nach und lege das Spiegelbild.

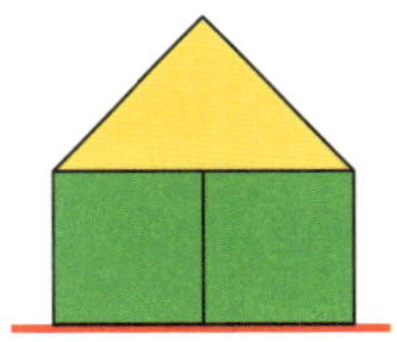

3 Richtig oder falsch?
Schreibe (r) für richtig und (f) für falsch.

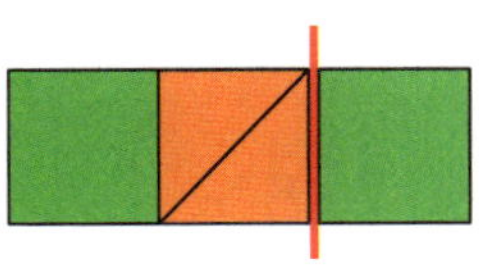

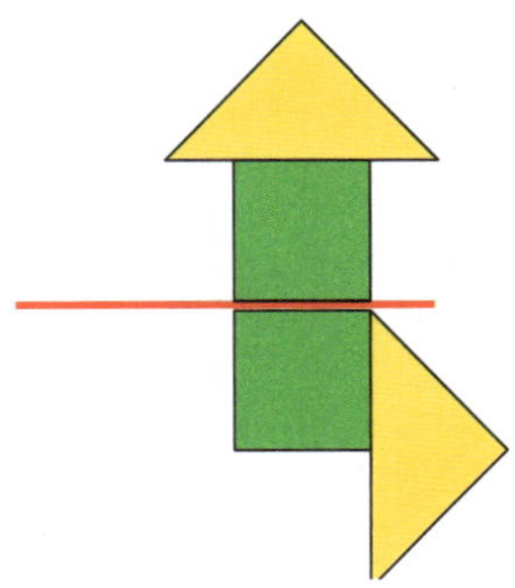

4 Lege eigene Figuren. Lege auch das Spiegelbild.

Begriff „Spiegellinie" kennen lernen; Figuren spiegelsymmetrisch ergänzen; Figuren mit den Formenplättchen aus der Beilage nachlegen und spiegelsymmetrisch ergänzen; falsch gespiegelte Figuren erkennen; einen Spiegel zur Kontrolle einsetzen; Raum-Lage-Beziehungen beim Nachlegen von Figuren vertiefen.

Verdoppeln

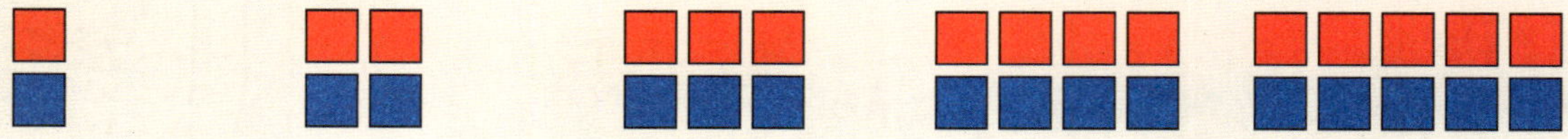

1 + 1 = 2   2 + 2 = 4   3 + 3 = 6   4 + 4 = 8   5 + 5 = 10

Das **Doppelte** von 3 ist 6.

1 Schreibe.

______   ______   ______

2 Male zu den Aufgaben. Rechne.

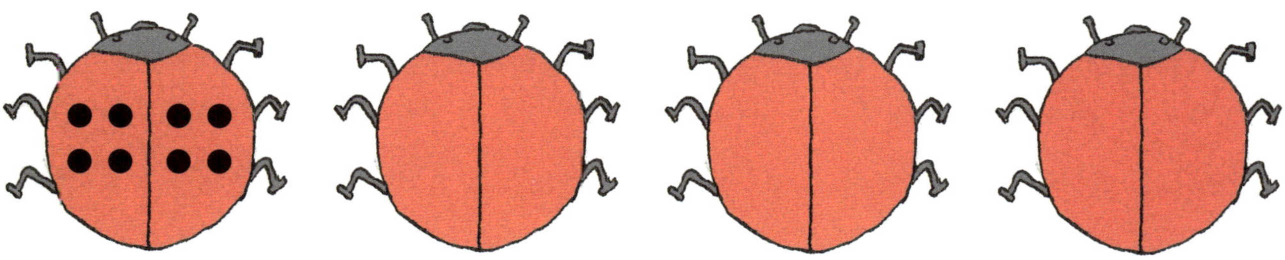

4 + 4 = 8   3 + 3 = ___   5 + 5 = ___   7 + 7 = ___

3 Verdopple. Trage ein.

Zahl	1	3	5	6	4	2	0
das Doppelte							

4 Rechne. Lege auch.

2 + 2 = ___   3 + 3 = ___   0 + 0 = ___   5 + 5 = ___
4 + 4 = ___   6 + 6 = ___   1 + 1 = ___   10 + 10 = ___

5 Verdopple eigene Zahlen. Wie weit kommst du?

Begriff „das Doppelte“ kennen lernen; Plättchenmengen verdoppeln; zu Plättchen Verdopplungsaufgaben notieren; zu Aufgaben symmetrische Punktemuster malen; Tabelle ausfüllen; Verdopplungsaufgaben rechnen.

Halbieren

Die **Hälfte** von 6 ist 3.
6 = 3 + 3

Zahlen, die man halbieren kann, sind **gerade** Zahlen.

1 Halbiere und schreibe.

4 = ______ ______ ______ ______ ______

2 Halbiere. Trage ein.

Zahl	2	4	6	8	10	12	20
die Hälfte							

3 Probiere, ob du halbieren kannst.

Zahlen, die man nicht halbieren kann, sind **ungerade** Zahlen.

1 3 5 7 9

4 Finde weitere gerade und ungerade Zahlen.

Begriffe „die Hälfte", „gerade Zahlen" und „ungerade Zahlen" kennen lernen; Plättchenmengen legen und halbieren, die Hälften durch eine rote Linie voneinander trennen; Tabelle ausfüllen; gerade und ungerade Zahlen untersuchen.

Links und rechts

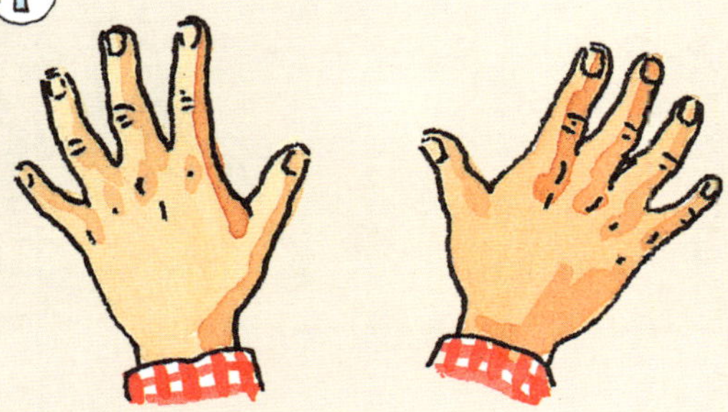

links rechts

links rechts

1 Male aus: links gelb, rechts rot.

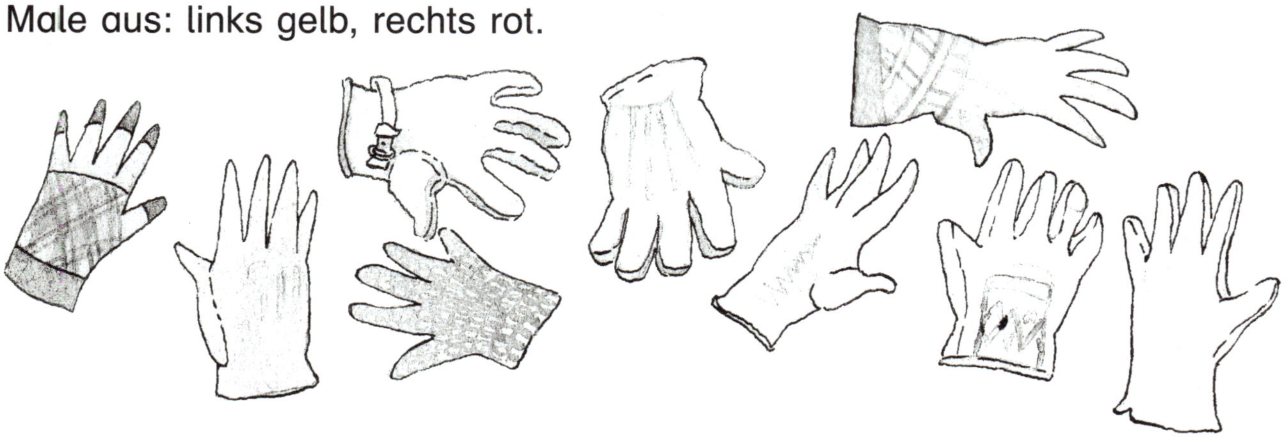

2 Male aus: rechts rot, links gelb.

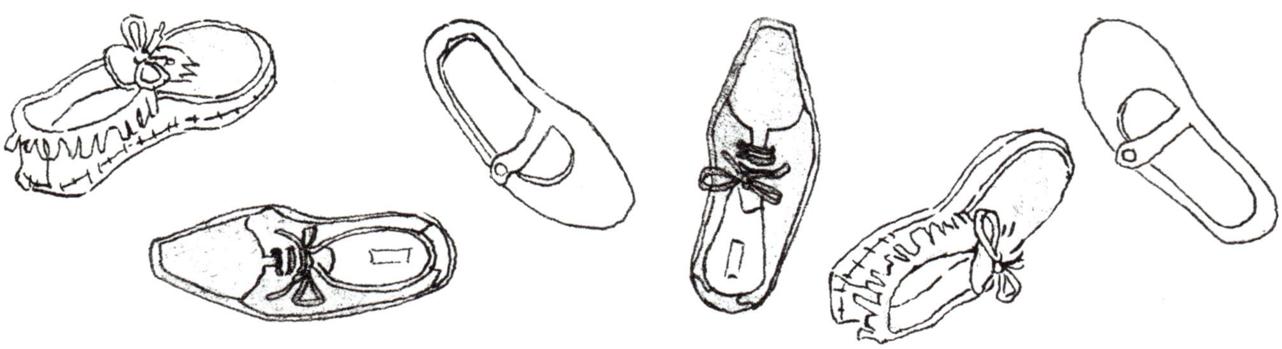

3 Findet Bewegungen für den Spiegeltanz.

Linke und rechte Hände sowie linke und rechte Schuhe unterscheiden; Handschuhe und Schuhe passend anmalen (alle Handschuhe sind von oben zu sehen); Koordinationsübungen durchführen, Körpergefühl gewinnen.

Symmetrie und Rechnen

1 Richtig oder falsch?
Schreibe (r) für richtig und (f) für falsch.

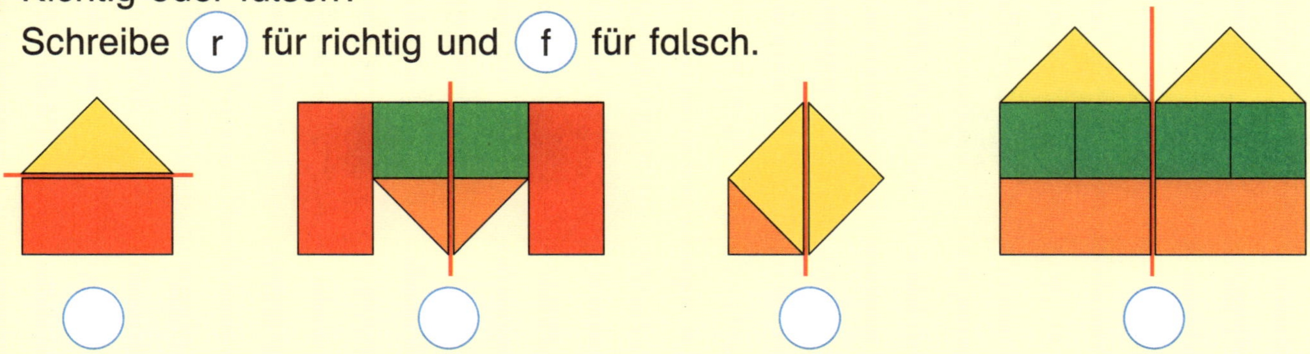

2 Schreibe Aufgaben.

5 + 5 = ______ ______ ______ ______

3 Verdopple. Trage ein.

Zahl	3	5	10	6	4	2	0	1
das Doppelte								

4 Halbiere und schreibe.

2 = ______ ______ ______ ______

5 Halbiere. Trage ein.

Zahl	10	8	6	4	2	20
die Hälfte						

1 Schreibe Aufgaben.

 ___

 ___

2 Male und rechne.

7 + 3 = ___   4 + 5 = ___   16 + 2 = ___

3 Rechne.

3 + 6 = ___	10 + 6 = ___	10 + 7 = ___	12 + 2 = ___
2 + 5 = ___	18 + 0 = ___	13 + 2 = ___	5 + 5 = ___
5 + 3 = ___	17 + 3 = ___	11 + 8 = ___	15 + 3 = ___
4 + 4 = ___	14 + 2 = ___	3 + 7 = ___	16 + 4 = ___

4 Male, streiche durch und rechne.

7 − 3 = ___   16 − 5 = ___   20 − 8 = ___

5 Rechne.

9 − 7 = ___	14 − 2 = ___	17 − 6 = ___	10 − 7 = ___
3 − 2 = ___	16 − 1 = ___	15 − 0 = ___	8 − 6 = ___
7 − 4 = ___	18 − 8 = ___	19 − 2 = ___	18 − 6 = ___
6 − 6 = ___	19 − 4 = ___	14 − 1 = ___	20 − 9 = ___

6 Zeichne nach. Setze fort.

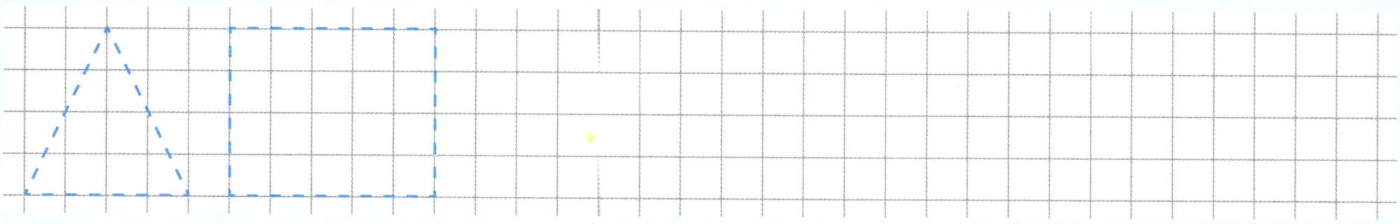

Bei Bildsituationen entscheiden, ob es eine Additions- oder Subtraktionssituation ist, Aufgabe notieren; Additions- und Subtraktionsaufgaben im Zwanzigerfeld darstellen und rechnen; Formen nachzeichnen, Symbolfolge fortsetzen.

7 Rechne Tauschaufgaben.

10 + 5 = ____ 16 + 2 = ____ 3 + 14 = ____ 18 + 1 = ____
5 + 10 = ____ 2 + 16 = ____ 14 + 3 = ____ 1 + 18 = ____

8 Rechne. Verbinde Aufgabe und Umkehraufgabe.

3 + 3 =   6 + 4 =   12 + 8 =   15 + 4 =

19 − 4 =   6 − 3 =   10 − 4 =   20 − 8 =

9 Trage ein.

Zahl	6		4	3			10
das Doppelte		4			2	10	

10 Rechne.

4 + 6 = ____ 2 + 8 = ____ 10 − 9 = ____ 10 − 6 = ____
5 + 5 = ____ 6 + 4 = ____ 10 − 1 = ____ 10 − 4 = ____
9 + 1 = ____ 7 + 3 = ____ 10 − 7 = ____ 10 − 8 = ____
3 + 7 = ____ 8 + 2 = ____ 10 − 3 = ____ 10 − 2 = ____

11 Rechne.

10 + 4 = ____ 20 − 9 = ____ 17 + 0 = ____ 18 − 4 = ____
11 + 4 = ____ 20 − 8 = ____ 16 + 1 = ____ 17 − 3 = ____
12 + 4 = ____ 20 − 7 = ____ 15 + 2 = ____ 16 − 2 = ____
13 + 4 = ____ 20 − 6 = ____ 14 + 3 = ____ 15 − 1 = ____

12 Trage + oder − ein.

10 ◯ 9 = 19   8 ◯ 8 = 16   15 ◯ 3 = 18
12 ◯ 2 = 10   20 ◯ 5 = 15   20 ◯ 3 = 17
15 ◯ 4 = 11   7 ◯ 7 = 14   14 ◯ 5 = 19

Tausch- und Umkehraufgaben rechnen; verdoppeln und halbieren; Partnerzahlen zur 10 üben; Additions- und Subtraktionsaufgaben rechnen, Gesetzmäßigkeiten erkennen und nutzen; Rechenzeichen eintragen.

Plus und Minus bis 20

Aktivitäten der Kindergruppe aus Leonardo beschreiben, Aufgaben mit Würfeln und Plättchen nachbauen und nachlegen; Additionsaufgaben zu den Ergebniszahlen 12 und 13 mit Plättchen und Würfeln frei und im Zwanzigerfeld legen; Additionsaufgaben mit Zehnerüberschreitung rechnen, Gesetzmäßigkeiten erkennen und nutzen.

1 Erzähle zum Bild.

2 Lege nach. Rechne.

Plusrechnen über Zehn

9 + 4

Zuerst bis Zehn.

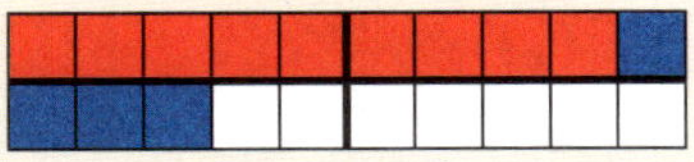

9 + 4 = 13

9 + 1 + 3 = 13

1 Male. Rechne.

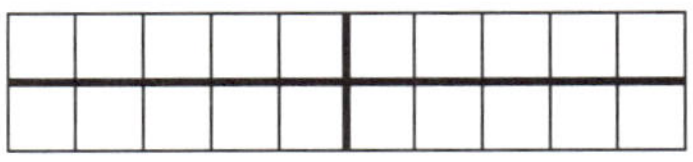

8 + 3 = ____

8 + ____ + ____ = ____

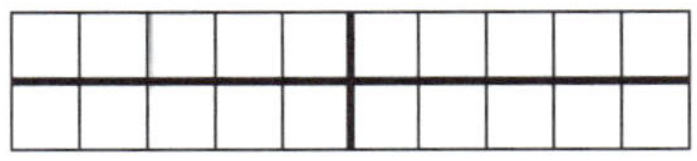

8 + 4 = ____

8 + ____ + ____ = ____

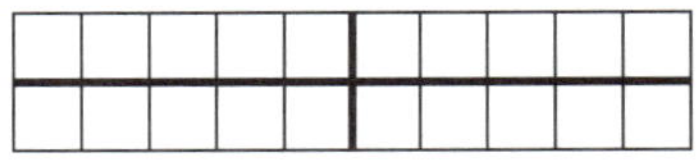

4 + 7 = ____

4 + ____ + ____ = ____

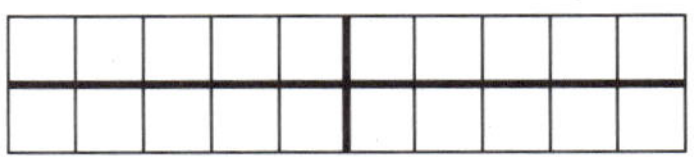

7 + 5 = ____

7 + ____ + ____ = ____

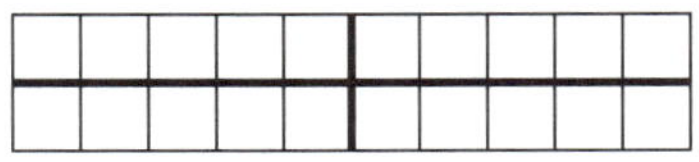

7 + 8 = ____

7 + ____ + ____ = ____

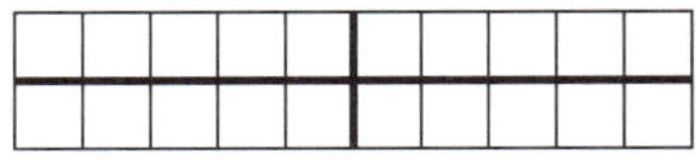

3 + 9 = ____

3 + ____ + ____ = ____

2 Rechne.

6 + 8 = ____
6 + ____ + ____ = ____

5 + 7 = ____
5 + ____ + ____ = ____

4 + 9 = ____
4 + ____ + ____ = ____

9 + 3 = ____
9 + ____ + ____ = ____

8 + 6 = ____
8 + ____ + ____ = ____

7 + 6 = ____
7 + ____ + ____ = ____

9 + 5 = ____
9 + ____ + ____ = ____

3 + 8 = ____
3 + ____ + ____ = ____

5 + 6 = ____
5 + ____ + ____ = ____

3 Rechne.

9 + 3 = ____
5 + 9 = ____
8 + 7 = ____

7 + 9 = ____
6 + 5 = ____
9 + 8 = ____

5 + 8 = ____
2 + 9 = ____
4 + 8 = ____

6 + 6 = ____
8 + 5 = ____
7 + 7 = ____

Strategie zum Rechnen von Additionsaufgaben mit Zehnerüberschreitung kennen lernen: zuerst bis 10 ergänzen, dann weiter rechnen, den zweiten Summanden passend zerlegen; Zwanzigerfelder passend in zwei Farben färben, rechnen; Additionsaufgaben mit Zehnerüberschreitung rechnen.

7 + 8

Zuerst verdoppeln.

 7 + 7 = 14

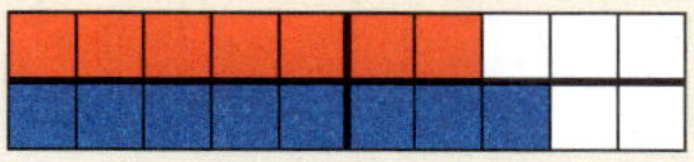 7 + 8 = 15

4 Male. Rechne.

5 + 5 = ____	6 + 6 = ____
5 + 6 = ____	6 + 7 = ____
8 + 8 = ____	7 + 7 = ____
8 + 9 = ____	7 + 8 = ____

5 Rechne.

7 + 7 = ____	6 + 6 = ____	8 + 8 = ____	9 + 9 = ____
7 + 8 = ____	6 + 7 = ____	8 + 9 = ____	9 + 10 = ____
8 + 8 = ____	7 + 7 = ____	9 + 9 = ____	10 + 10 = ____

6 Rechne.

6 + 9 = ____	5 + 6 = ____	3 + 8 = ____	7 + 4 = ____
2 + 9 = ____	9 + 5 = ____	8 + 5 = ____	8 + 9 = ____
7 + 9 = ____	9 + 6 = ____	8 + 7 = ____	9 + 6 = ____

7 Rechne.

7 + 6 = ____	4 + 8 = ____	9 + 7 = ____	7 + 7 = ____
8 + 7 = ____	5 + 7 = ____	8 + 6 = ____	9 + 9 = ____

Verdoppeln und Fastverdoppeln als weitere Strategie zum Addieren mit Zehnerüberschreitung kennen lernen; Zwanzigerfelder passend in zwei Farben färben, rechnen; Additionsaufgaben mit Zehnerüberschreitung rechnen, Gesetzmäßigkeiten erkennen und nutzen; im Kopf addieren.

Plusrechnen

1 Lege und rechne. Setze fort.

7 + 3 = ____	5 + 5 = ____	8 + 2 = ____	9 + 1 = ____
7 + 4 = ____	5 + 6 = ____	8 + 3 = ____	9 + 2 = ____
7 + 5 = ____	5 + 7 = ____	8 + 4 = ____	9 + 3 = ____
________	________	________	________

2 Male passend an: < 10 = 10 > 10

8 + 4 6 + 4 7 + 2 5 + 4

8 + 1 6 + 5 7 + 4 8 + 2

6 + 3 8 + 5 9 + 3 5 + 7

3 Rechne.

7 + 7 = ____	6 + 7 = ____	2 + 9 = ____	5 + 7 = ____
6 + 8 = ____	5 + 8 = ____	3 + 8 = ____	6 + 6 = ____
5 + 9 = ____	4 + 9 = ____	4 + 7 = ____	7 + 5 = ____
4 + 10 = ____	3 + 10 = ____	5 + 6 = ____	8 + 4 = ____

4 Rechne.

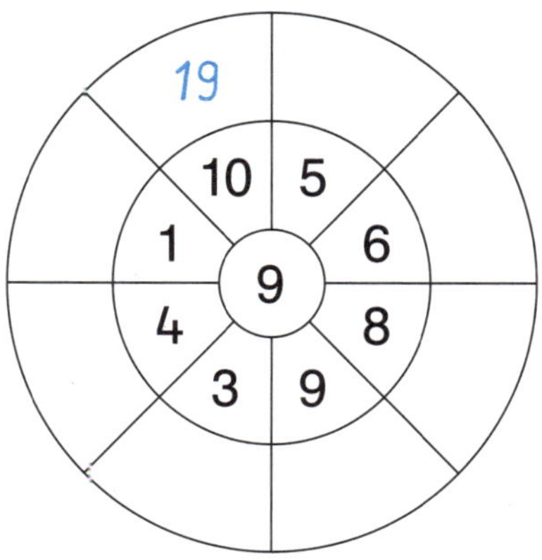

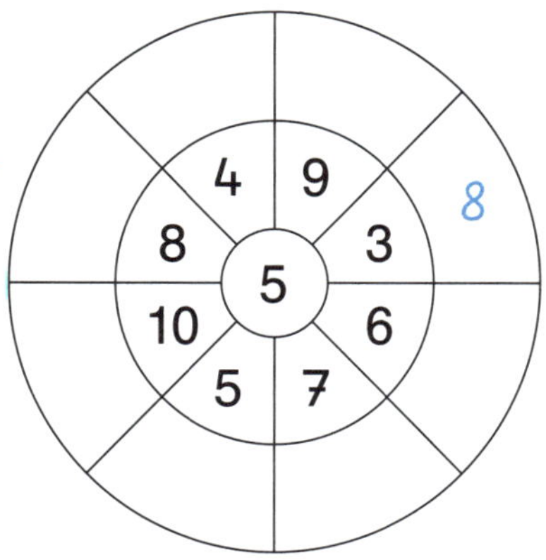

5 Erfinde eigene Rechenräder.

Schrittweises Rechnen als Strategie zum Addieren mit Zehnerüberschreitung erkennen und nutzen; Gesetzmäßigkeiten erkennen, Aufgabenfolgen fortsetzen; Additionsaufgaben im Kopf rechnen und Kärtchen nach Höhe des Ergebnisses passend färben; Additionsaufgaben mit Zehnerüberschreitung rechnen; Rechenräder ausfüllen.

Ähnliche Plusaufgaben

4 + 2 = 6

14 + 2 = 16

1 Male. Rechne.

6 + 2 = ____ 5 + 1 = ____

16 + 2 = ____ 15 + 1 = ____

0 + 7 = ____ 2 + 8 = ____

10 + 7 = ____ 12 + 8 = ____

2 Rechne.

7 + 1 = ____	5 + 2 = ____	14 + 4 = ____	10 + 2 = ____
17 + 1 = ____	15 + 2 = ____	4 + 4 = ____	0 + 2 = ____
6 + 3 = ____	1 + 9 = ____	15 + 4 = ____	13 + 2 = ____
16 + 3 = ____	11 + 9 = ____	5 + 4 = ____	3 + 2 = ____

3 Rechne.

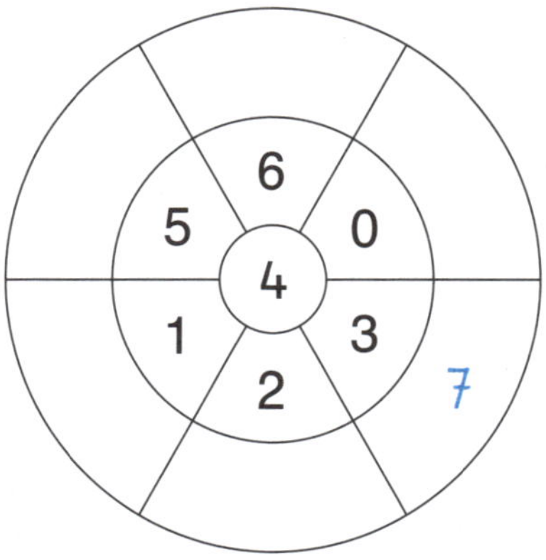

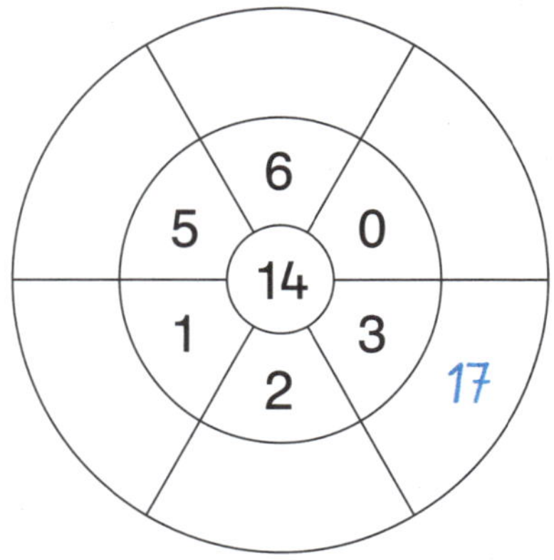

Minusrechnen über Zehn

14 – 5

Zurück bis 10.

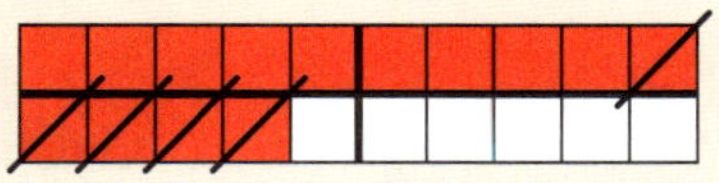

14 – 5 = 9
14 – 4 – 1 = 9

1 Male und streiche durch. Rechne.

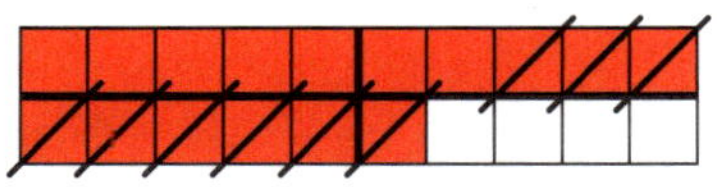

16 – 9 = ____
16 – ____ – ____ = ____

13 – 7 = ____
13 – ____ – ____ = ____

14 – 6 = ____
14 – ____ – ____ = ____

15 – 6 = ____
15 – ____ – ____ = ____

11 – 8 = ____
11 – ____ – ____ = ____

17 – 9 = ____
17 – ____ – ____ = ____

12 – 8 = ____
12 – ____ – ____ = ____

13 – 5 = ____
13 – ____ – ____ = ____

14 – 8 = ____
14 – ____ – ____ = ____

2 Rechne.

12 – 7 = ____
12 – ____ – ____ = ____

16 – 8 = ____
16 – ____ – ____ = ____

15 – 7 = ____
15 – ____ – ____ = ____

14 – 9 = ____
14 – ____ – ____ = ____

11 – 5 = ____
11 – ____ – ____ = ____

13 – 9 = ____
13 – ____ – ____ = ____

3 Rechne.

15 – 9 = ____	13 – 4 = ____	12 – 6 = ____	16 – 7 = ____
13 – 8 = ____	12 – 5 = ____	13 – 6 = ____	13 – 6 = ____
14 – 7 = ____	11 – 2 = ____	11 – 4 = ____	12 – 3 = ____

Strategie zum Rechnen von Subtraktionsaufgaben mit Zehnerunterschreitung kennen lernen: zuerst bis 10 zurück rechnen, dann weiter, den Subtrahend passend zerlegen; Zwanzigerfelder passend färben, durchstreichen und rechnen; Subtraktionsaufgaben mit Zehnerunterschreitung rechnen.

4 Lege, nimm weg und rechne. Setze fort.

12 – 2 = ___	17 – 7 = ___	16 – 6 = ___	18 – 8 = ___
12 – 3 = ___	17 – 8 = ___	16 – 7 = ___	18 – 9 = ___
12 – 4 = ___	17 – 9 = ___	16 – 8 = ___	18 – 10 = ___
______	______	______	______

5 Male passend an: < 10 | = 10 | > 10

19 – 9 | 11 – 4 | 19 – 10 | 11 – 0

15 – 6 | 14 – 2 | 14 – 7 | 12 – 6 | 13 – 5

14 – 4 | 15 – 3 | 11 – 1 | 12 – 1

6 Rechne.

13 – 5 = ___	12 – 3 = ___	16 – 9 = ___	15 – 9 = ___
14 – 6 = ___	13 – 4 = ___	15 – 8 = ___	14 – 8 = ___
15 – 7 = ___	14 – 5 = ___	14 – 7 = ___	13 – 7 = ___
16 – 8 = ___	15 – 6 = ___	13 – 6 = ___	12 – 6 = ___

7 Rechne.

11 – 2 = ___	13 – 4 = ___	15 – 7 = ___	14 – 4 = ___
12 – 4 = ___	17 – 8 = ___	12 – 9 = ___	11 – 8 = ___
13 – 6 = ___	14 – 9 = ___	13 – 8 = ___	15 – 9 = ___
14 – 8 = ___	15 – 0 = ___	11 – 6 = ___	17 – 9 = ___

8 Finde die Namen der Kinder. Rechne. Trage ein.

3	4	5	6	7	8	9	10	11	12	13	14	15
S	M	K	L	I	X	T	E	C	N	A	O	P

14 – 5 = ___ ☐	15 – 9 = ___ ☐	13 – 9 = ___ ☐
13 – 6 = ___ ☐	16 – 6 = ___ ☐	15 – 2 = ___ ☐
12 – 8 = ___ ☐	17 – 4 = ___ ☐	17 – 9 = ___ ☐

Schrittweises Rechnen als Strategie zum Subtrahieren mit Zehnerunterschreitung erkennen und nutzen; Gesetzmäßigkeiten erkennen, Aufgabenfolgen fortsetzen; Ergebnis im Kopf berechnen und Kärtchen nach Höhe des Ergebnisses passend färben; Subtraktionsaufgaben mit Zehnerunterschreitung rechnen, Gesetzmäßigkeiten erkennen und nutzen; im Kopf subtrahieren.

Ähnliche Minusaufgaben

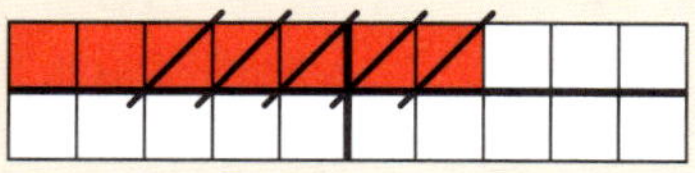

7 – 5 = 2

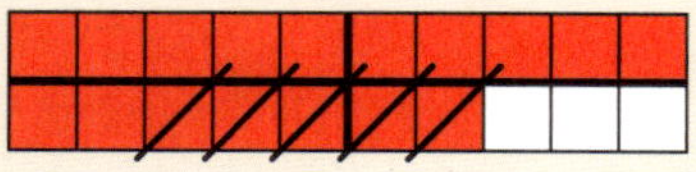

17 – 5 = 12

1 Male und streiche durch. Rechne.

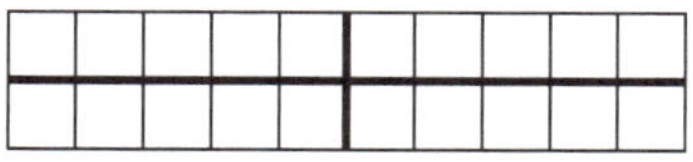 8 – 4 = ____

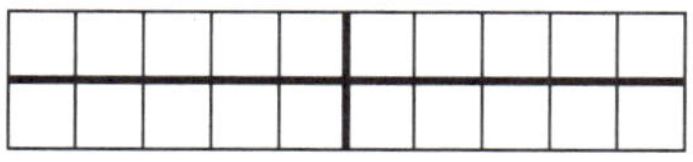 9 – 8 = ____

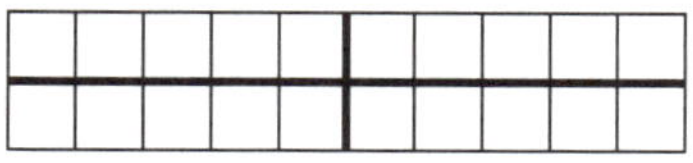 18 – 4 = ____

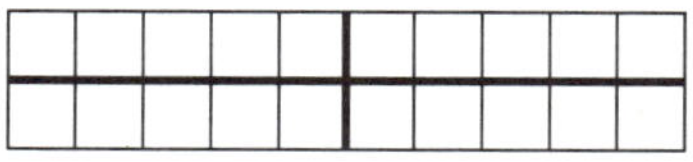 19 – 8 = ____

2 Rechne.

10 – 4 = ____	9 – 3 = ____	18 – 5 = ____	14 – 0 = ____
20 – 4 = ____	19 – 3 = ____	8 – 5 = ____	4 – 0 = ____
8 – 2 = ____	20 – 5 = ____	17 – 3 = ____	13 – 2 = ____
18 – 2 = ____	10 – 5 = ____	7 – 3 = ____	3 – 2 = ____

3 Verbinde so. 5 – 2 —— 15 – 2

8 – 6   9 – 5   6 – 3   17 – 3

19 – 5   20 – 5   10 – 5   7 – 3

7 – 4   18 – 6   17 – 4   16 – 3

Analogie zwischen Subtraktionsaufgaben im ersten und zweiten Zehner erkennen und nutzen; Analogieaufgaben rechnen; Zwanzigerfelder passend färben, durchstreichen und rechnen; Analogieaufgaben miteinander verbinden.

Plus und Minus

1 Rechne Umkehraufgaben.

6 + 9 = ____ 5 + 8 = ____ 6 + 8 = ____

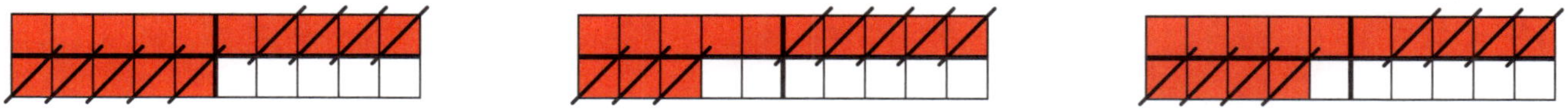

15 – 9 = ____ 13 – 8 = ____ 14 – 8 = ____

2 Rechne.

8 + 4 = ____	7 + 7 = ____	6 + 5 = ____
12 – 4 = ____	14 – 7 = ____	11 – 5 = ____
18 – 9 = ____	11 – 6 = ____	15 – 7 = ____
9 + 9 = ____	5 + 6 = ____	8 + 7 = ____

3 Male die Umkehraufgabe passend an.

4 + 8	15 – 7	9 + 6	13 – 6	13 – 7

7 + 6	12 – 8	6 + 7	15 – 6	8 + 7

4 Rechne Tauschaufgaben.

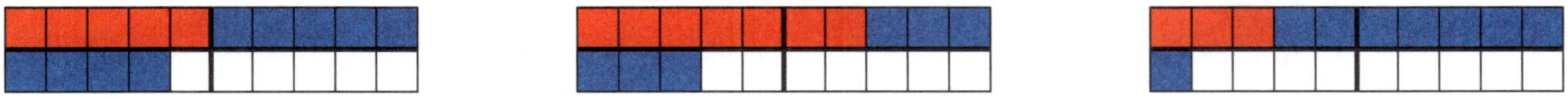

5 + 9 = ____ 7 + 6 = ____ 3 + 8 = ____

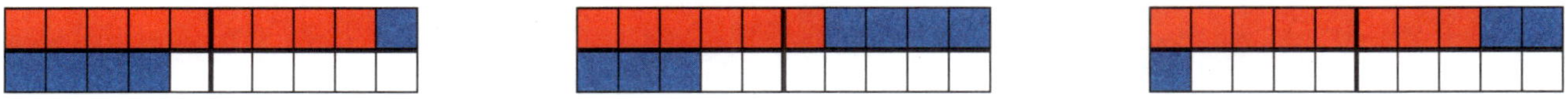

9 + 5 = ____ 6 + 7 = ____ 8 + 3 = ____

Umkehraufgaben rechnen; Umkehraufgaben passend färben; Tauschaufgaben rechnen.

Rechenrätsel

1 Finde die Namen der Kinder. Rechne. Trage ein.

4	5	7	8	9	13	14	15	16	17	19	20
T	P	I	A	M	R	S	N	O	L	E	U

12 – 4 = ___	8 + 6 = ___	9 + 6 = ___
14 – 5 = ___	13 – 6 = ___	11 – 4 = ___
16 – 8 = ___	8 + 7 = ___	6 + 9 = ___
9 + 8 = ___	15 – 7 = ___	20 – 4 = ___

2 Trage + oder – ein

8 ○ 7 = 15	11 ○ 6 = 5	16 ○ 10 = 6
15 ○ 7 = 8	11 ○ 5 = 6	10 ○ 6 = 16
7 ○ 8 = 15	5 ○ 6 = 11	6 ○ 10 = 16
15 ○ 8 = 7	6 ○ 5 = 11	16 ○ 6 = 10

3 Male passend an: 12 13 14

6 + 6 | 5 + 8 | 13 – 0 | 8 + 6 | 7 + 7 | 9 + 3

9 + 5 | 7 + 6 | 20 – 8 | 7 + 5 | 4 + 9 | 19 – 5

4 Würfle mit zwei Würfeln. Rechne die Punkte zusammen.
Welche Summen erhältst du? ______________________

____

Additions- und Subtraktionsaufgaben mit Zehnerübergang rechnen, Buchstaben zu den Ergebniszahlen notieren, Namen lesen. Rechenzeichen einsetzen; Additions- und Subtraktionsaufgaben im Kopf rechnen und Kärtchen nach Höhe des Ergebnisses passend färben; Wurfergebnisse beim Würfeln mit 2 Würfeln untersuchen, besondere Häufigkeit der Summe 7 erklären.

Rechenmeister

1 Male und rechne.

8 + 5 = ____   14 – 7 = ____   6 + 6 = ____

7 + 9 = ____   13 – 6 = ____   16 – 8 = ____

2 Trage ein.

Zahl	2	8		9		10		6
das Doppelte	4		14		10		2	

3 Rechne.

7 + 5 = ____   6 + 9 = ____   3 + 8 = ____

7 + ____ + ____ = ____   6 + ____ + ____ = ____   3 + ____ + ____ = ____

13 – 8 = ____   14 – 6 = ____   17 – 9 = ____

13 – ____ – ____ = ____   14 – ____ – ____ = ____   17 – ____ – ____ = ____

4 Rechne.

5 + 5 = ____   8 + 6 = ____   9 + 8 = ____   7 + 6 = ____

6 + 5 = ____   8 + 8 = ____   9 + 9 = ____   7 + 7 = ____

6 + 4 = ____   8 + 7 = ____   9 + 10 = ____   7 + 8 = ____

5 Rechne.

11 – 4 = ____   16 – 8 = ____   16 – 9 = ____   11 – 6 = ____

14 – 5 = ____   14 – 7 = ____   14 – 8 = ____   12 – 4 = ____

12 – 7 = ____   12 – 6 = ____   12 – 5 = ____   15 – 7 = ____

Additions- und Subtraktionsaufgaben mit Zehnerübergang rechnen, Zwanzigerfelder passend färben, durchstreichen und rechnen; Tabelle ausfüllen; Additions- und Subtraktionsaufgaben mit Stopp bei 10 rechnen; Additions- und Subtraktionsaufgaben rechnen, Gesetzmäßigkeiten erkennen und nutzen.

Einkaufen und Verkaufen

Zum Bild erzählen; Wert von Cent- und Euro-Münzen und ausgewählten Euro-Scheinen erkennen; Münzen und Scheine nach ihrem Wert sortieren; Geldbeträge legen, malen und bestimmen; Münzen durchrubbeln.

1 Erzähle zum Bild.

2 Trage ein.

3 Sortiere Spielgeld.

Zum Bild erzählen; Preise der Angebote vergleichen; passende Geldbeträge zu den Angeboten legen; eigenen Einkauf auswählen; Lagebeziehungen: Positionen der Angebote beschreiben.

Münzwerte

Die Cent-Münzen

	1 Cent	
	2 Cent	
	5 Cent	
	10 Cent	
	20 Cent	
	50 Cent	

1 Immer 5 Cent. Kreise ein.

2 Wie viel Geld ist es? Schreibe.

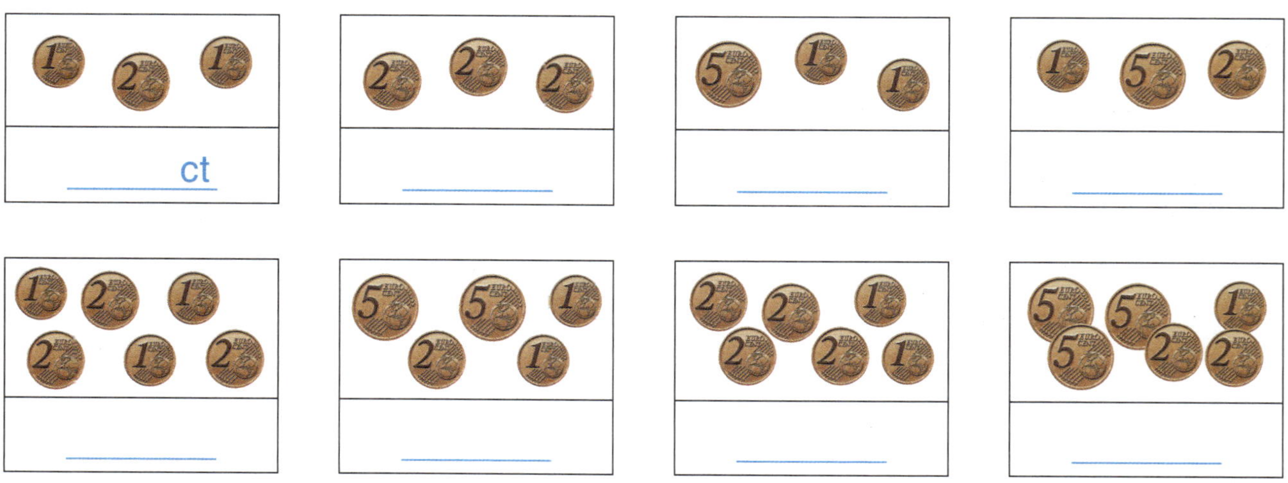

Wertigkeit von Cent-Münzen durch Tausch in 1-Cent-Münzen nachvollziehen; abgekürzte Schreibweise von Cent kennen lernen; Cent-Münzen nachlegen und bündeln; Geldbeträge bestimmen und notieren.

3 Wie viel Geld ist es? Schreibe.

______ ct   ______   ______

4 Lege und male.

8 ct	13 ct	17 ct

5 Lege und rechne.

2 ct + 5 ct = ______ ct
5 ct + 1 ct = ______
10 ct + 2 ct = ______
10 ct + 1 ct = ______

10 ct + 1 ct + 2 ct = ______
5 ct + 5 ct + 1 ct = ______
10 ct + 2 ct + 2 ct = ______
2 ct + 2 ct + 2 ct = ______

6 Lege immer 10 Cent. Wie viele Münzen brauchst du?

	𝍸

7 Kannst du 10 Cent mit 1/2/3/4/5/6/7/8/9/10 Münzen legen?

Geldbeträge bestimmen und notieren; zu Geldbeträgen passend Münzen malen; mit Münzwerten rechnen; 10 Cent auf verschiedene Arten legen, gefundene Möglichkeiten in einer Tabelle notieren, Strichliste zur Anzahl der benötigten Münzen machen.

Einkaufen und bezahlen

1 Du bezahlst. Lege und male.

(5) (2)

2 Rate, was gekauft wurde. Male.

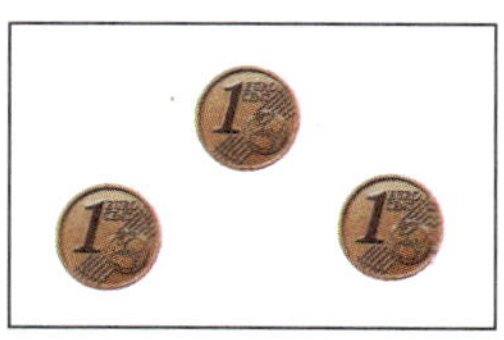

oder

oder

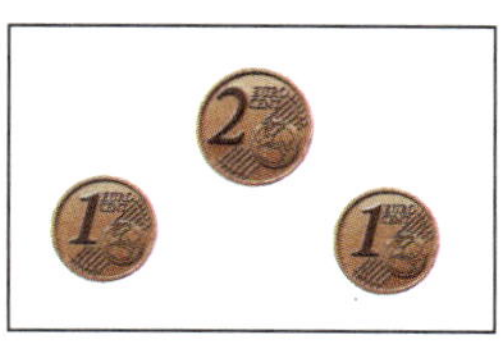

oder

3 Erfinde eigene Aufgaben zum Raten.

Preise ablesen; Münzen passend legen und malen; zu vorgegebenen Geldbeträgen mögliche Einkäufe malen.

4 Rechne. Male, wie du bezahlst.

4 ct + 4 ct = ____ ct | (5) (2) (1)

____

____

____

____

____

5 Rechne.

6 ct + 4 ct = ____	9 ct + 5 ct = ____	12 ct + 3 ct = ____
7 ct + 4 ct = ____	8 ct + 4 ct = ____	14 ct + 2 ct = ____
8 ct + 5 ct = ____	7 ct + 7 ct = ____	16 ct + 4 ct = ____
9 ct + 8 ct = ____	6 ct + 9 ct = ____	11 ct + 8 ct = ____

6 Tim kauft:

____ ct + ____ ct = ____ ct

Tim bezahlt ____ Cent.

7 Elena kauft:

____

Elena bezahlt ____ Cent.

8 Erfinde eigene Rechengeschichten.

Einzelpreise ablesen, Gesamtpreis berechnen, Geldbetrag passend legen, Münzen malen; Geldbeträge addieren; Sachaufgaben nachspielen und lösen, Geldbeträge berechnen.

Rückgeld

1 Lea hat 20 Cent. Sie kauft ein Buch für 15 Cent.

20 ct – 15 ct = ______

2 Lege und male das Rückgeld. Rechne.

Ich kaufe.	Ich gebe.	Ich rechne.	Ich bekomme zurück.
 8 Cent		10 ct – 8 ct = ______	1 1
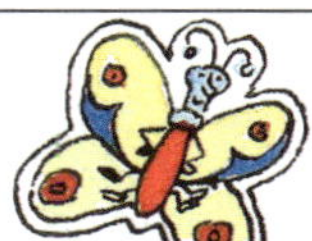 2 Cent		______	
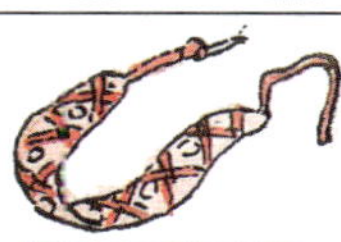 5 Cent		______	
 10 Cent		______	

3 Lege und rechne.

10 ct – 6 ct = ______	20 ct – 6 ct = ______	15 ct – 6 ct = ______
10 ct – 3 ct = ______	20 ct – 3 ct = ______	15 ct – 3 ct = ______
10 ct – 8 ct = ______	20 ct – 8 ct = ______	15 ct – 8 ct = ______
10 ct – 5 ct = ______	20 ct – 5 ct = ______	15 ct – 5 ct = ______

Bildsituation nachvollziehen, Geldbeträge mit Münzen nachlegen, vor dem Subtrahieren passend wechseln, Rückgeld berechnen und malen; Geldbeträge subtrahieren.

Geldbeträge vergleichen

1 Vergleiche. Trage <, > oder = ein.

____ ct ____ ct ____ ____

2 Vergleiche. Trage <, > oder = ein.

18 ct	8 ct	14 ct + 3 ct	17 ct	10 ct – 6 ct	6 ct
4 ct	4 ct	9 ct + 6 ct	16 ct	20 ct – 7 ct	3 ct
6 ct	9 ct	8 ct + 5 ct	11 ct	12 ct – 4 ct	8 ct
20 ct	2 ct	16 ct + 4 ct	19 ct	17 ct – 8 ct	9 ct

3 Reicht das Geld? Kreuze an.

Ich will.		Ich habe.	Es reicht.	Es reicht nicht.
	Stück 8 Cent			
	Stück 7 Cent			
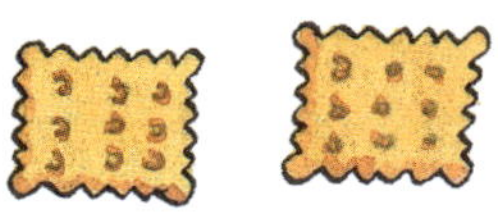	Stück 3 Cent			
	Stück 10 Cent			
	Stück 4 Cent			
	Stück 15 Cent			

Geldbeträge bestimmen, notieren und vergleichen, Relationszeichen eintragen; Gesamtpreis berechnen, mit zur Verfügung stehendem Geldbetrag vergleichen, entscheiden, ob das Geld reicht oder nicht, passend ankreuzen.

Rund um den Euro

Euro-Münzen und Euro-Scheine

1 € 2 € 5 € 10 € 20 € 50 €

Es gibt noch andere Euro-Scheine.

1 Wie viel Geld ist es? Schreibe.

____ € ____ ____

2 Rechne.

2 € + 2 € = ____ €
5 € + 5 € = ____
10 € + 5 € = ____

2 € + 2 € + 1 € = ____
5 € + 2 € + 5 € = ____
10 € + 5 € + 5 € = ____

3 Rechne.

20 € – 6 € = ____
10 € – 6 € = ____
20 € – 4 € = ____
10 € – 4 € = ____

4 € + 3 € = ____
14 € + 3 € = ____
5 € + 3 € = ____
15 € + 3 € = ____

10 € – 5 € = ____
8 € – 4 € = ____
6 € – 3 € = ____
4 € – 2 € = ____

4 Zeichne.

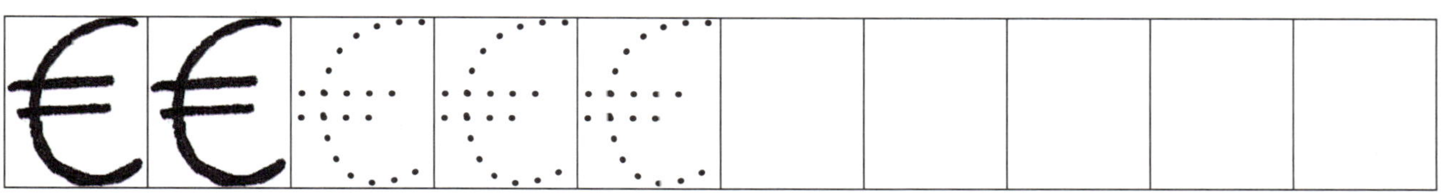

Euro-Münzen und Euro-Scheine kennen lernen; Münzen nachlegen, Geldbeträge bestimmen und notieren; Geldbeträge addieren und subtrahieren, Zusammenhänge nutzen; Euro-Zeichen zeichnen.

Sicher mit Geld umgehen

1 Wie viel Geld ist es?

____ ____ ____

2 Male, wie du bezahlst.

14 ct

9 ct

17 ct

3 Rechne.

4 ct + 5 ct = ____	10 ct + 8 ct = ____	7 € + 3 € = ____
6 ct + 6 ct = ____	11 ct + 9 ct = ____	9 € + 4 € = ____
8 ct + 7 ct = ____	12 ct + 4 ct = ____	5 € + 9 € = ____

4 Rechne. Male das Rückgeld.

10 ct – 3 ct = ____

10 ct – 1 ct = ____

20 ct – 5 ct = ____

Alle mithüpfen, bitte!

Hüpfspiele auf dem Schulhof nachspielen; Lagebeziehungen: Positionen der Kinder und der Zahlenfelder beschreiben.

0 1 2 3
6
+2
2 3 4 5 6 7 8 9 10

Auf dem Zahlenstrahl

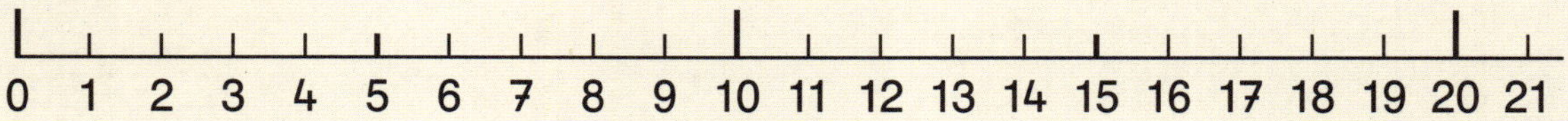

1 Wohin gehören die Zahlen? Verbinde.

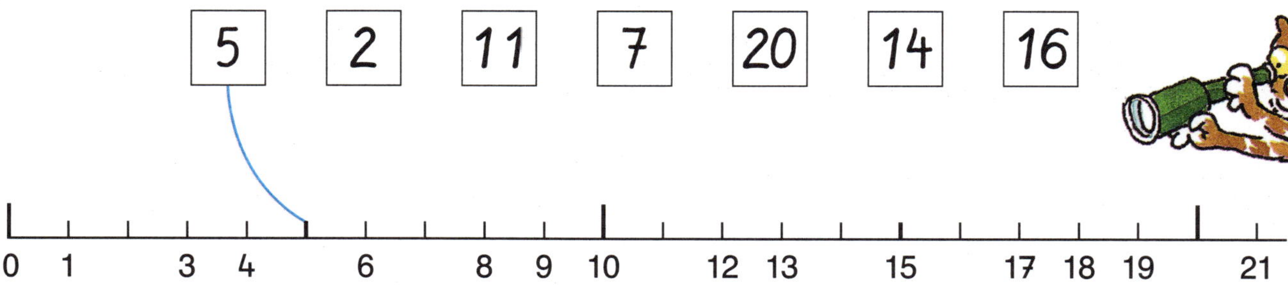

2 Trage ein.

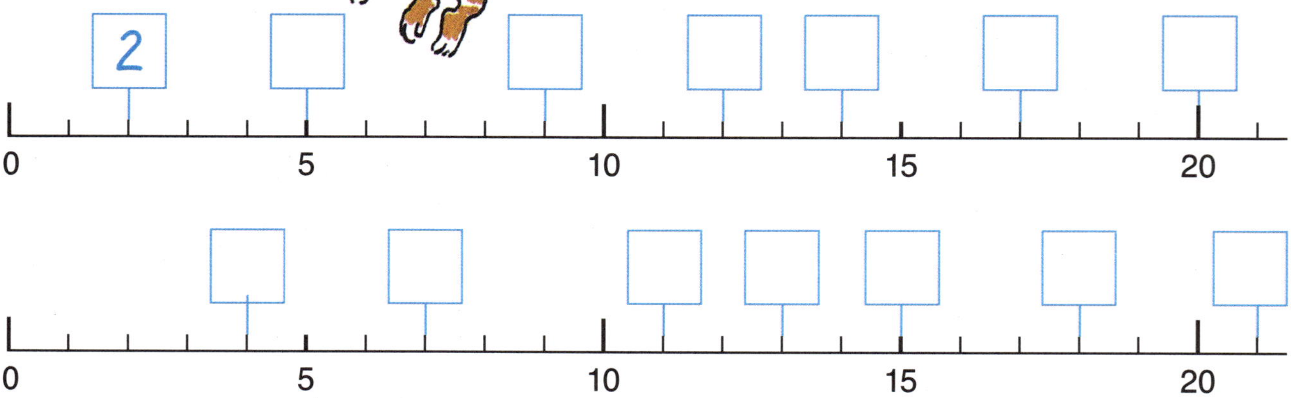

3 Trage ein.

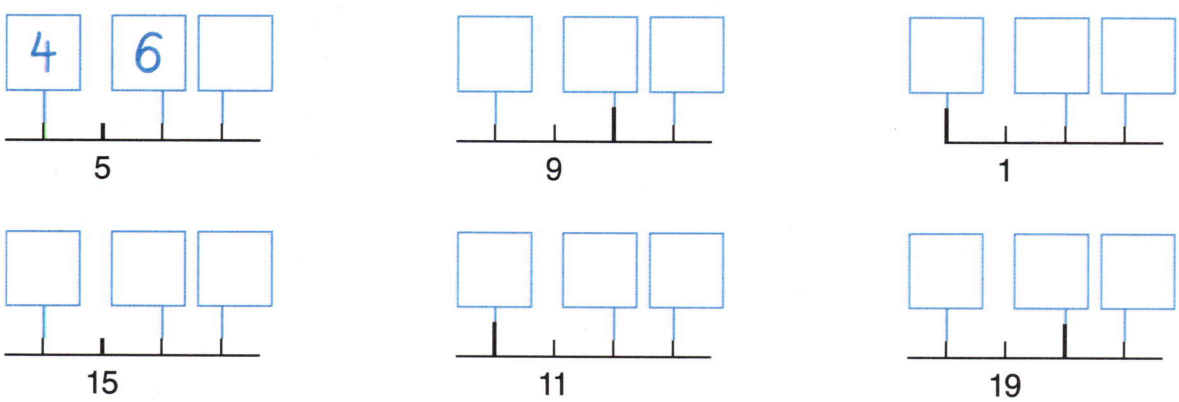

Zahlenstrahl kennen lernen; Zahlen Positionen am Zahlenstrahl zuordnen, Zahlen eintragen.

Sprünge mit Hüpfkarten

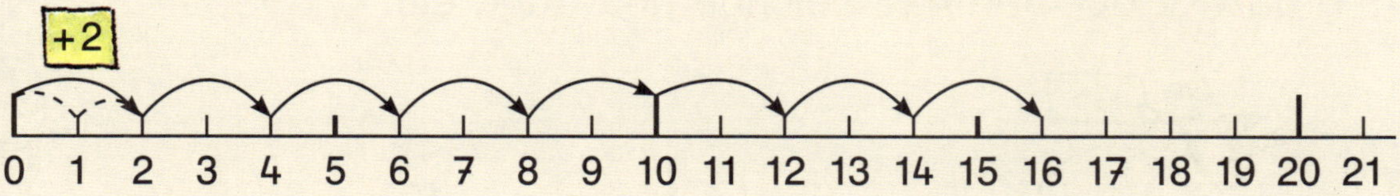

+2 : 0, 2, 4, 6, 8, 10, 12, 14, 16, ...

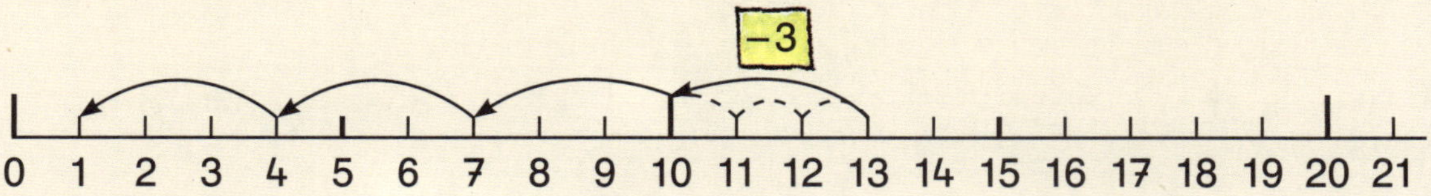

−3 : 13, 10, 7, 4, 1

1 Hüpfe vor oder zurück. Zeichne.

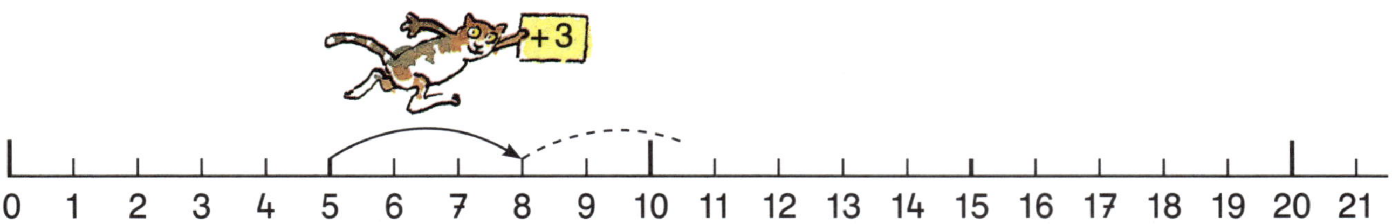

+3 : 5, 8, ____, ____, ____, ____

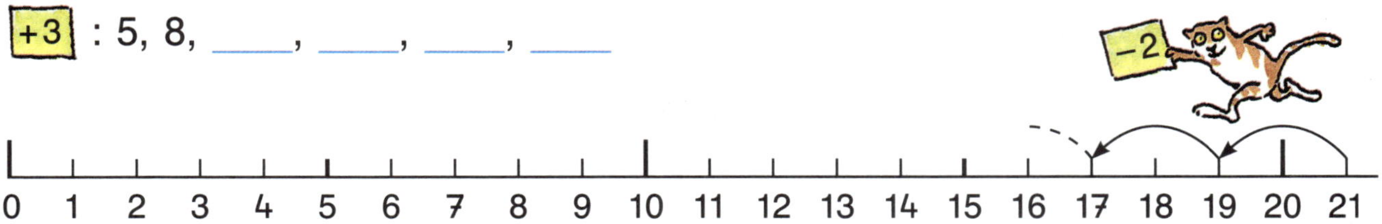

−2 : 21, 19, ____, ____, ____, ____, ____, ____, ____, ____, ____

2 Hüpfe. Trage ein.

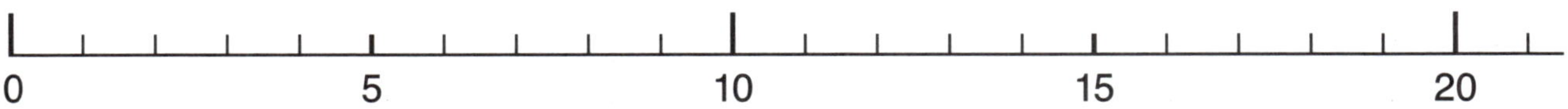

+5 : 0, 5, ____, ____, ____

−3 : 18, 15, ____, ____, ____, ____, ____

−4 : 20, 16, ____, ____, ____, ____

+4 : 1, 5, ____, ____, ____, ____

Sprünge am Zahlenstrahl nachvollziehen; Sprünge am Zahlenstrahl einzeichnen; Zahlenfolgen fortsetzen.

Verschieden große Sprünge

1 Wie groß war der Sprung? Zeichne und trage ein.

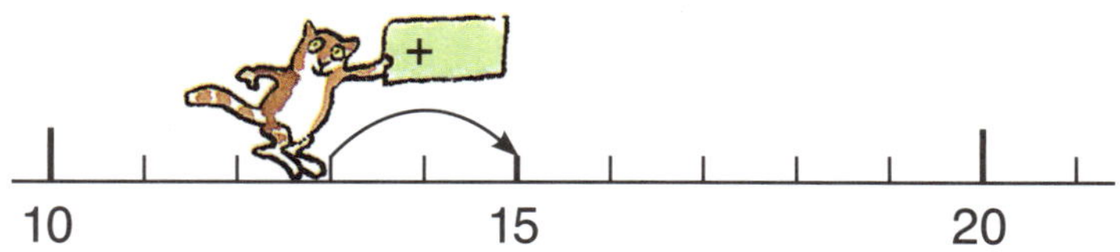

13 + ____ = 15

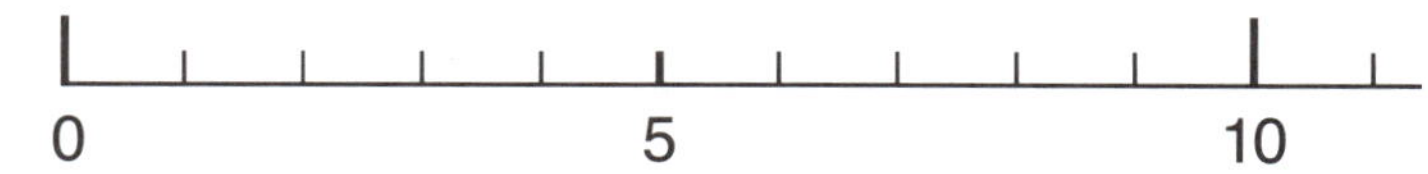

3 + ____ = 8

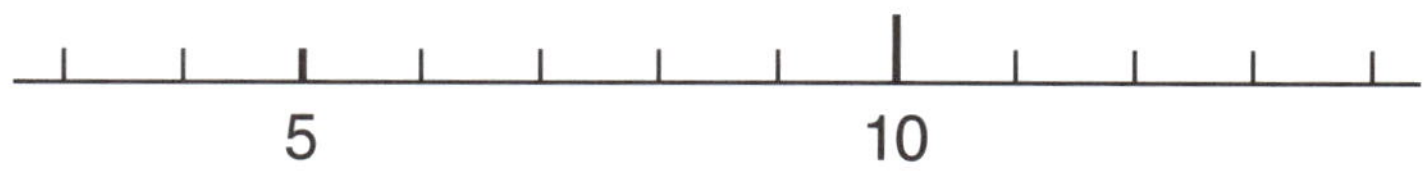

6 + ____ = 13

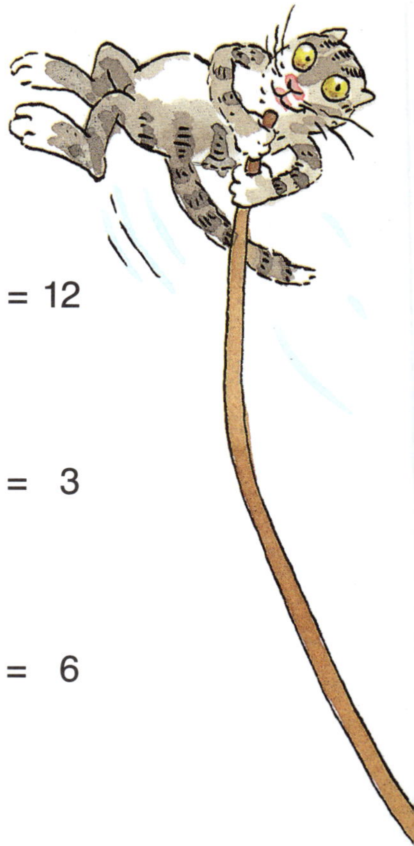

2 Wie groß war der Sprung? Zeichne und trage ein.

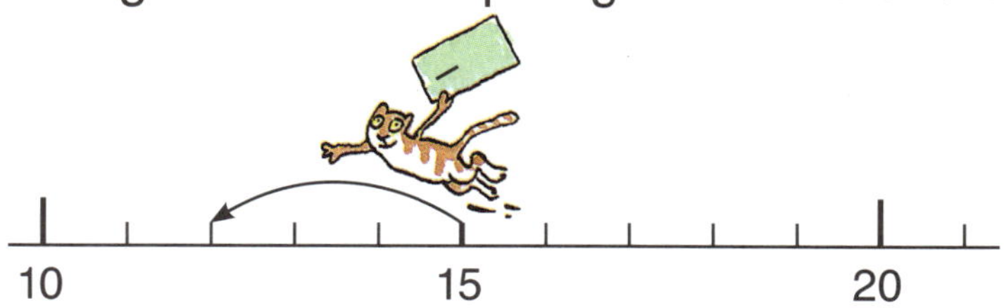

15 – ____ = 12

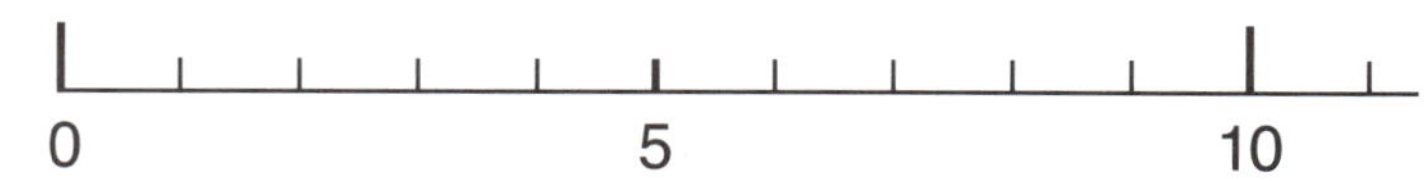

9 – ____ = 3

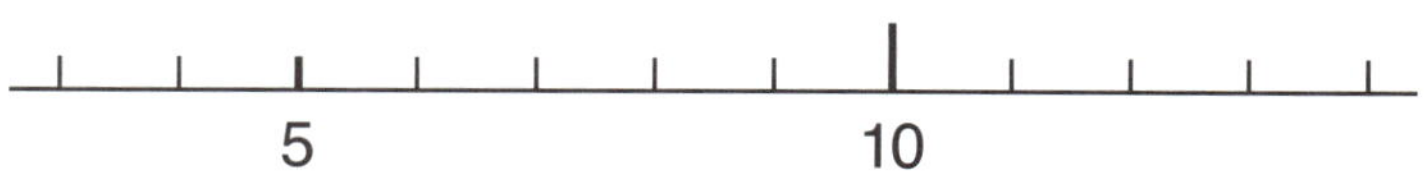

11 – ____ = 6

3 Zeige und rechne.

11 + ____ = 20	18 – ____ = 14	6 + ____ = 12	13 – ____ = 9
13 + ____ = 20	14 – ____ = 10	10 + ____ = 16	16 – ____ = 11
15 + ____ = 20	8 – ____ = 4	12 + ____ = 18	7 – ____ = 0
17 + ____ = 20	4 – ____ = 4	14 + ____ = 20	9 – ____ = 5

Sprünge am Zahlenstrahl einzeichnen, Sprungweite ablesen oder berechnen; Platzhalteraufgaben rechnen.

Vom Start zum Ziel

1 Trage ein.

+3

Start	Ziel
2	5
8	
14	
7	
16	

+5

Start	Ziel
3	
9	
11	
15	
10	

−2

Start	Ziel
6	4
11	
18	
20	
10	

−8

Start	Ziel
10	
16	
20	
8	
12	

2 Finde die Hüpfkarte. Trage ein.

+4 : 3, 7, ____, ____, ____

[ ] : 18, 14, ____, ____, ____

[ ] : 20, 17 , ____, ____, ____, ____, ____

[ ] : 0, 2, ____, ____, ____, ____, ____, ____, ____, ____, ____

3 Ordne zu. Verbinde.

2, 6, 10   −6   19, 14, 9   +6   2, 8, 14   +4   15, 9, 3   −5

4 Rechne.

4 + 5 = ____	18 + 2 = ____	15 − 4 = ____	9 − 2 = ____
8 + 4 = ____	7 + 4 = ____	7 − 3 = ____	14 − 7 = ____
13 + 6 = ____	11 + 8 = ____	20 − 12 = ____	17 − 6 = ____
6 + 7 = ____	5 + 12 = ____	13 − 6 = ____	11 − 5 = ____

Tabellen einführen, Notation besprechen, Ziel berechnen und eintragen; aus Zahlenfolgen auf die Rechenvorschrift schließen, in die Hüpfkarte eintragen, Zahlenfolgen fortsetzen; Hüpfkarten und Zahlenfolgen einander zuordnen; im Zahlenraum bis 20 addieren und subtrahieren.

Vom Ziel zum Start

1 Wo ist der Kater gestartet? Zeichne und trage ein.

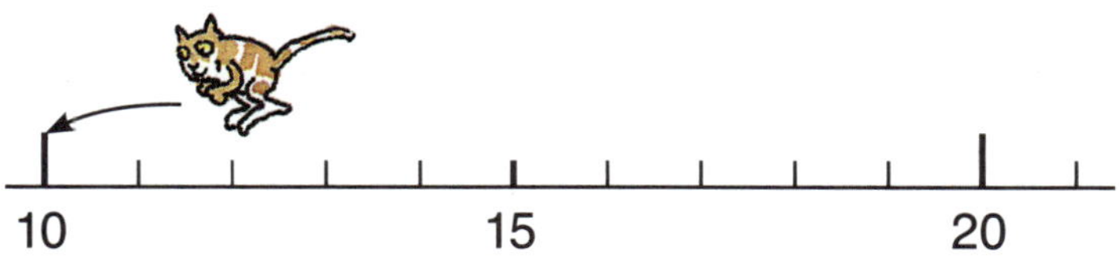

____ − 3 = 10

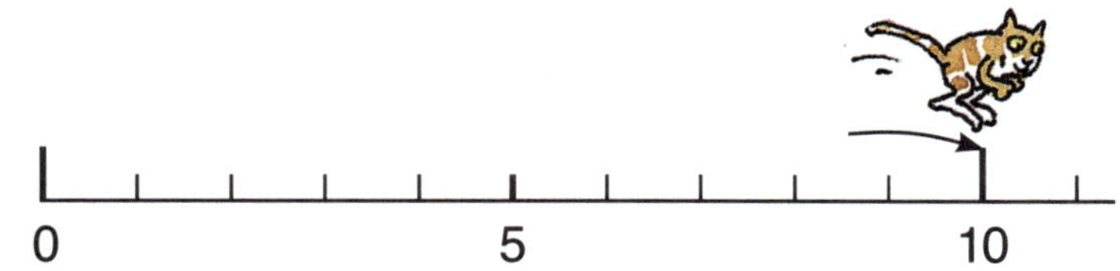

____ + 3 = 10

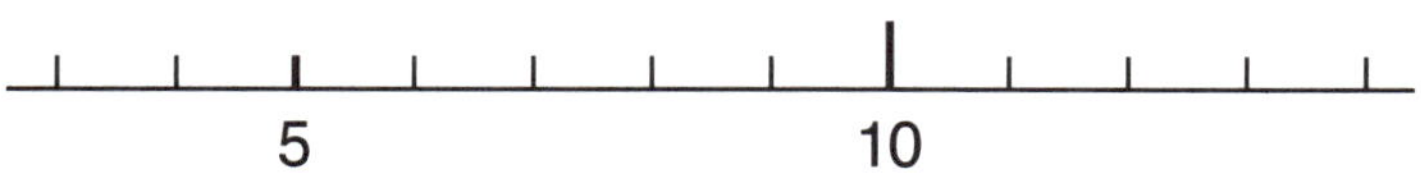

____ − 5 = 9

2 Trage ein.

+4

Start	Ziel
10	14
	20
	12
	9
	4

+7

Start	Ziel
	11
	7
	15
	13
	19

−9

Start	Ziel
19	10
	5
	11
	8
	9

−3

Start	Ziel
	17
	0
	9
	5
	11

3 Zeige und rechne.

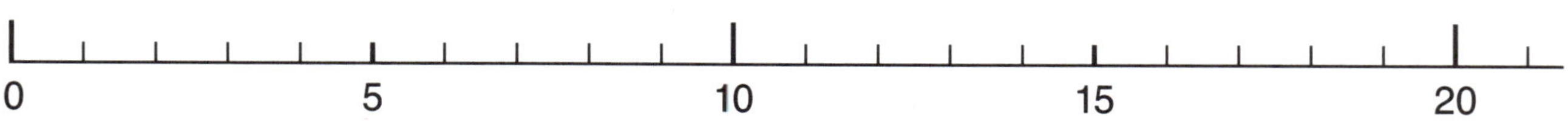

____ + 5 = 9	____ − 2 = 12	____ + 6 = 18	____ − 6 = 7
____ + 8 = 12	____ − 4 = 13	____ + 9 = 10	____ − 8 = 12
____ + 4 = 18	____ − 7 = 7	____ + 2 = 20	____ − 3 = 1
____ + 3 = 11	____ − 5 = 10	____ + 7 = 12	____ − 9 = 0

Start suchen, Sprung am Zahlenstrahl nachvollziehen, Ausgangszahl eintragen; Tabellen ausfüllen; Platzhalteraufgaben rechnen, Umkehraufgabe und Zahlenstrahl als Hilfsmittel nutzen.

Wir hüpfen immer weiter

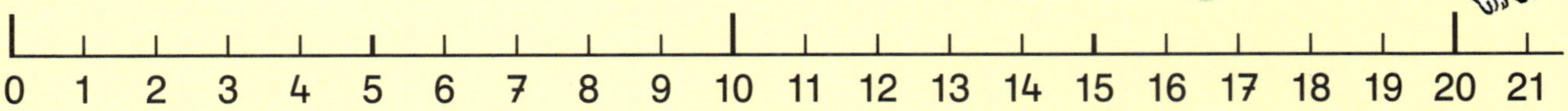

1 Hüpfe vor. Trage ein.

+2 : 1, 3, ___, ___, ___, ___, ___, ___, ___, ___, ___

+3 : 0, ___, ___, ___, ___, ___, ___, ___

2 Hüpfe zurück. Trage ein.

−3 : 20, 17, ___, ___, ___, ___, ___

−2 : 19, ___, ___, ___, ___, ___, ___, ___, ___, ___

−4 : 18, ___, ___, ___, ___

3 Wie groß war der Sprung? Trage ein.

4 + ___ = 8	7 − ___ = 5	3 + ___ = 12	13 − ___ = 6
5 + ___ = 10	9 − ___ = 5	6 + ___ = 12	14 − ___ = 7
2 + ___ = 4	5 − ___ = 5	9 + ___ = 12	15 − ___ = 8
7 + ___ = 14	11 − ___ = 5	1 + ___ = 12	16 − ___ = 9

4 Trage ein.

+6

Start	Ziel
6	
4	
13	
9	
14	

−7

Start	Ziel
20	
15	
11	
9	
7	

+8

Start	Ziel
	15
	20
	12
	8
	10

−5

Start	Ziel
	15
	5
	7
	14
	9

Zahlenfolgen fortsetzen; Sprungweite bestimmen, Platzhalteraufgaben rechnen; Tabellen ausfüllen, Umkehraufgabe nutzen.

1 Rechne.

5 + 6 = ___	3 + 8 = ___	2 + 9 = ___	10 + 3 = ___
7 + 9 = ___	4 + 9 = ___	5 + 7 = ___	9 + 4 = ___
6 + 8 = ___	6 + 6 = ___	8 + 8 = ___	8 + 5 = ___
8 + 4 = ___	8 + 7 = ___	9 + 5 = ___	7 + 6 = ___

2 Rechne.

17 – 8 = ___	16 – 9 = ___	18 – 9 = ___	12 – 4 = ___
13 – 5 = ___	14 – 4 = ___	15 – 8 = ___	15 – 9 = ___
11 – 4 = ___	12 – 6 = ___	14 – 5 = ___	13 – 8 = ___
14 – 9 = ___	15 – 7 = ___	11 – 7 = ___	11 – 9 = ___

3 Finde die Namen der Kinder. Rechne. Trage ein.

4	5	7	8	9	13	14	15	16	17	19	20
T	P	I	A	M	R	S	N	O	L	E	U

12 – 8 = ___ ☐	9 + 10 = ___ ☐	7 + 7 = ___ ☐
13 – 6 = ___ ☐	12 – 3 = ___ ☐	14 – 6 = ___ ☐
6 + 9 = ___ ☐	16 – 9 = ___ ☐	6 + 7 = ___ ☐
15 – 7 = ___ ☐	8 + 9 = ___ ☐	11 – 3 = ___ ☐

4 Male die Umkehraufgabe passend an.

20 – 17 | 15 – 8 | 14 + 3 | 12 + 7 | 17 – 2

15 + 2 | 7 + 8 | 3 + 17 | 17 – 3 | 19 – 7

5 Rechne. Setze fort.

7 + 5 = ___	9 + 8 = ___	20 – 9 = ___	18 – 9 = ___
7 + 7 = ___	8 + 7 = ___	19 – 7 = ___	16 – 8 = ___
7 + 9 = ___	7 + 6 = ___	18 – 5 = ___	14 – 7 = ___
______	______	______	______

Additions- und Subtraktionsaufgaben mit Zehnerübergang rechnen, Buchstaben zu den Ergebniszahlen notieren, Namen lesen; Umkehraufgaben passend färben; Aufgabenfolgen fortsetzen.

6 Rechne. Trage ein.

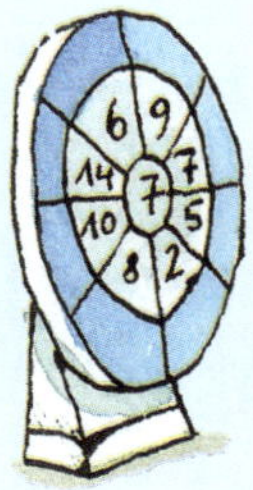

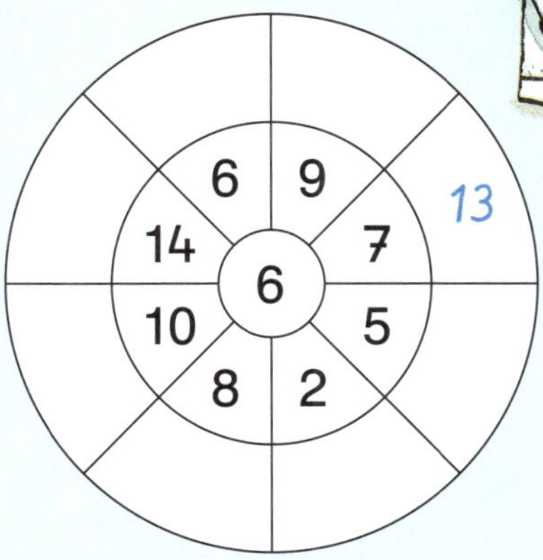

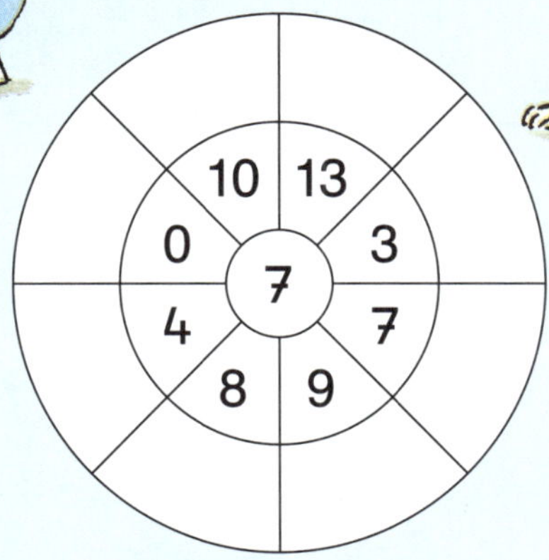

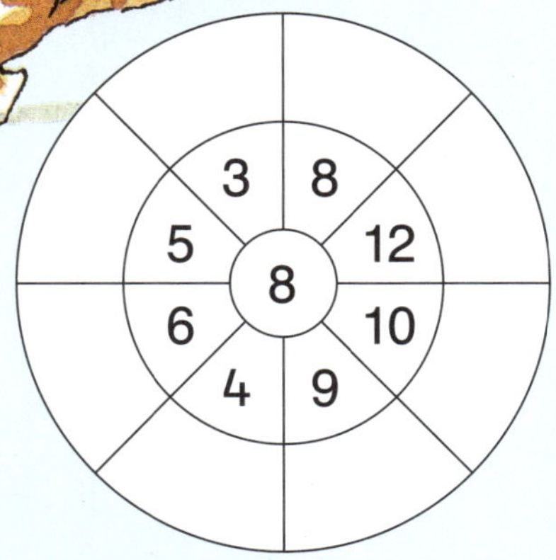

7 Male, wie du bezahlst.

15 ct

20 ct

9 ct

8 Hüpfe vor und zurück. Trage ein.

+3 : 1, ____, ____, ____, ____, ____, ____

+5 : 2, ____, ____, ____

−4 : 19, ____, ____, ____, ____

−6 : 20, ____, ____, ____

9 Zeige am Zahlenstrahl. Rechne.

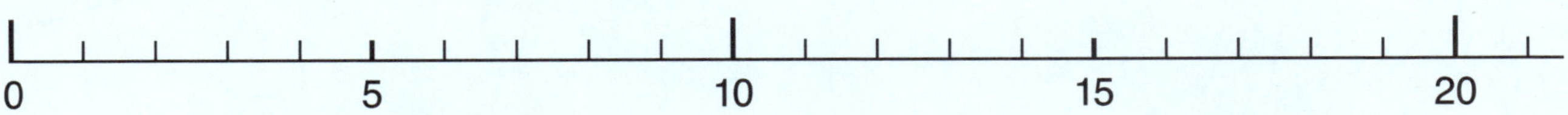

15 + ____ = 20	13 − ____ = 0	____ + 17 = 19	____ − 14 = 1
10 + ____ = 20	13 + ____ = 20	____ + 2 = 14	____ − 3 = 9
5 + ____ = 20	13 − ____ = 10	____ + 4 = 10	____ − 7 = 5
0 + ____ = 20	13 − ____ = 3	____ + 0 = 16	____ − 2 = 0

Pflanzwerkstatt

Zum Bild erzählen; Daten lesen; in der Klasse selbst pflanzen, Keimen und Wachsen beobachten; in der Natur Veränderungen bei Pflanzen beobachten; Lagebeziehungen: Positionen der Kinder und der Pflanztöpfe beschreiben.

1 Erzähle zum Bild.

2 Bringe die Bilder in die richtige Reihenfolge. Trage ein.

3 Pflanzt selbst. Beobachtet und malt.

Unsere Bohne

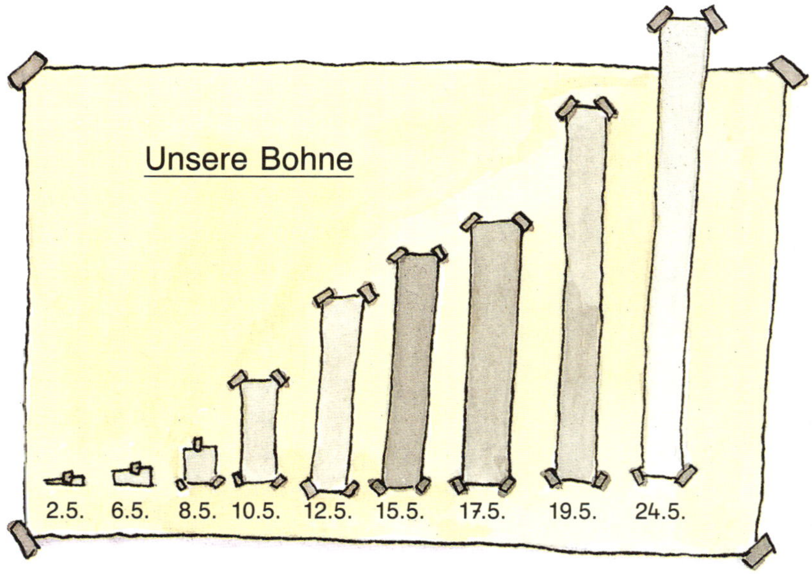

1 Erkläre, was Sina macht.

2 Ordne.

3 Verbinde. Schreibe das Datum.

Zusammenhang zwischen Bild und Plakat erkennen: Wachstum einer Bohne beobachten, Streifen in passender Länge abschneiden und aufkleben; die Wachstumsstadien einer Bohne der Reihe nach ordnen und Ordnungszahlen eintragen; Daten und Wachstumsstadien einander zuordnen, Daten schreiben.

4 Zähle die Blätter. Mache eine Strichliste.

1		8	
2		9	
3		10	
4		11	
5	|	12	
6		13	
7		14	

5 Wie viele Blätter kommen dazu? Trage ein.

	+2						
Blätter	0	2	5	8	11	14	17

6 Setze fort.

Regel + 3 : 4, 7, ___, ___, ___, ___

Regel + 2 : 9, 11, ___, ___, ___, ___

Regel – 4 : 20, 16, ___, ___, ___, ___

7 Finde die Regel. Setze fort.

Regel ☐ : 6, 8, 10, ___, ___, ___, ___

Regel ☐ : 19, 17, 15, ___, ___, ___, ___

Regel ☐ : 20, 17, 14, ___, ___, ___, ___

Tabellenrechnen

+	4	7
8	12	15
10	14	17

8 + 4 = 12
8 + 7 = 15
10 + 4 = 14
10 + 7 = 17

–	3	6
8	5	2
12	9	6

8 – 3 = 5
8 – 6 = 2
12 – 3 = 9
12 – 6 = 6

1 Rechne.

+	4	10
2		
5		

+	6	11
7		
9		

+	3	7
10		
8		

2 Rechne.

–	8	6
16		
12		

–	2	4
11		
13		

–	5	10
18		
20		

3 Rechne.

+	8	4	6
5			
10			

–	9	7	5
14			
19			

Das Rechnen mit Rechentabellen nachvollziehen; Tabellen ausfüllen; Zusammenhänge nutzen.

Zahlensuche

1 Finde die versteckten Zahlen. Rechne.

+	2	
6		10
9		

+		5
11	14	
13		

+	10	9
8		
	15	

2 Finde die versteckten Zahlen. Rechne.

–	3	2
	4	
17		

–	6	4
16		
	6	

–	7	
19		14
20		

3 Finde die versteckten Zahlen. Rechne.

+	6	
10		13
	18	
14		

–	5	
	10	
13		9
11		

+		
4	7	
8		18
	13	

4 Erfinde eigene Tabellen.

5 Rechne.

9 + ___ = 17	___ + 18 = 20	13 – ___ = 9	___ – 5 = 11
8 + ___ = 15	___ + 16 = 19	13 – ___ = 7	___ – 7 = 11
7 + ___ = 13	___ + 14 = 18	15 – ___ = 9	___ – 5 = 9
6 + ___ = 11	___ + 12 = 17	15 – ___ = 7	___ – 7 = 9

Tabellen mit Lücken am Rand ausfüllen, versteckte Zahlen suchen; Platzhalteraufgaben rechnen.

Erbsen-Keim-Wettbewerb

1 Zähle Sinas Keime. Trage ein.

	1. Tag	2. Tag	3. Tag	4. Tag	5. Tag

Anzahl der Keime	0	4			

2 Jedes Kind legt 20 Erbsen auf feuchte Watte.
Am 5. Tag vergleichen die Kinder die Anzahl der Erbsen-Keime.
Zähle. Trage ein.

	Sina	Nino	Elena	Felix
Am 5. Tag				
Anzahl der Keime				

1. Platz: ________ 2. Platz: ________ 3. Platz: ________

________ hat gewonnen.

Nino hat ____ Erbsen-Keime. Er hat ____ mehr als Felix.
Elena hat ____ Erbsen-Keime. Sie hat ____ weniger als Sina.

3 Legt 20 Erbsen auf feuchte Watte.
Macht einen Erbsen-Keim-Wettbewerb.

Keime zählen, Anzahlen in die Tabelle eintragen; Anzahl der Keime am fünften Tag bei verschiedenen Kindern bestimmen, eintragen und der Größe nach ordnen, Reihenfolge notieren, die Anzahlen vergleichen.

Vielerlei

1 Ordne. Schreibe das Datum.

4.5. ____ ____ ____ ____

2 Setze fort.

Regel [+ 3] : 3, 6, ___, ___, ___, ___

Regel [+ 4] : 0, ___, ___, ___, ___, ___

Regel [− 3] : 19, ___, ___, ___, ___, ___

3 Finde die Regel. Setze fort.

Regel [ ] : 5, 7, ___, ___, ___, ___, ___

Regel [ ] : 1, 4, ___, ___, ___, ___, ___

Regel [ ] : 13, 11, ___, ___, ___, ___, ___

4 Rechne.

+	6	9
8		
10		

−	4	7
18		
12		

+	7	
6		15
	16	

Der Pyramiden-Baumeister

Vor 4500 Jahren ließen sich
die Könige von Ägypten
Pyramiden als Grabstätten bauen.

Für die größte, die Cheops-Pyramide,
wurden etwa zwei Millionen Steine gebraucht.

Rechenregel bei Zahlenpyramiden kennen lernen: Eine Zahl ist jeweils die Summe der beiden darunter liegenden Zahlen, die oberste Zahl wird Pyramidenzahl genannt; Zahlenpyramiden ausfüllen.

1 Trage die fehlenden Zahlen ein.

2 Denke dir noch mehr Zahlenpyramiden aus.

Wer ist der beste Pyramiden-Baumeister?

1 Trage die fehlenden Zahlen ein.
Kreise die größte Pyramidenzahl ein.

2 Die Pyramidenbauer bekommen diese drei Zahlen: 

Trage die Zahlen ein und berechne die Pyramidenzahlen.
Zeichne auf die größte Pyramidenzahl einen Hut.

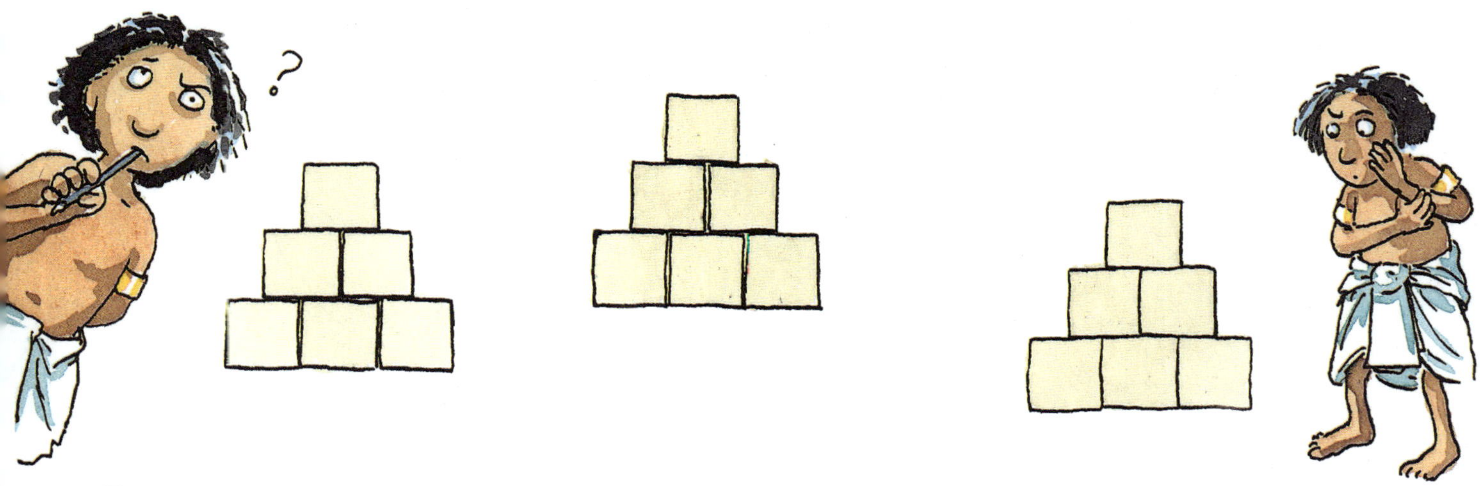

3 Denke dir drei andere Zahlen aus und baue daraus Zahlenpyramiden.

Zahlenpyramiden ausfüllen; aus vorgegebenen Zahlen verschiedene Pyramidenzahlen errechnen.

In der Baumeister-Schule

1 Setze die richtigen Zahlen ein.

2 Setze die Zahlen von 1 bis 7 passend in die Zauberkreise ein.

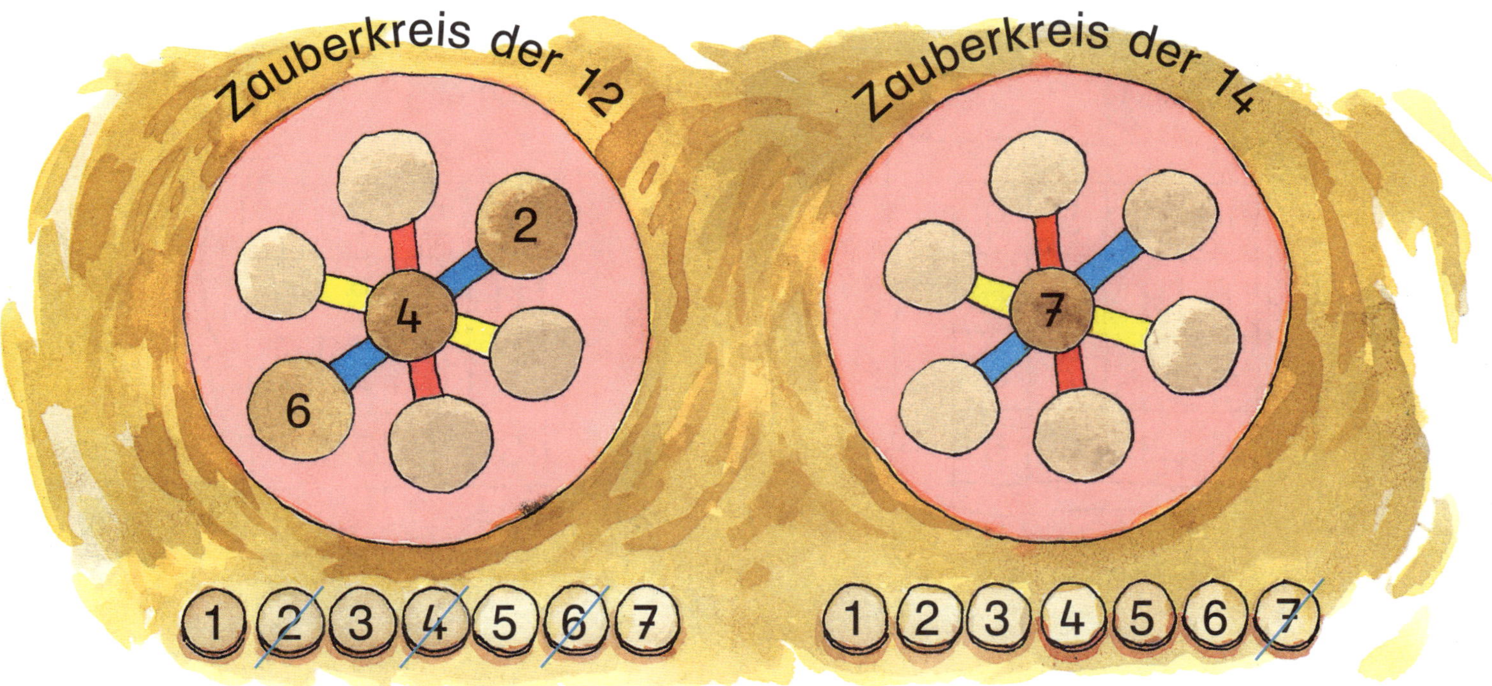

3 Lege mit den Zahlen von 1 bis 7 den Zauberkreis der 10.

4 Lege mit den Zahlen von 1 bis 9 die Zauberkreise der 12 und der 18.

Zahlenpyramiden ausfüllen; Zauberkreise kennen lernen: Die Summe der drei Zahlen auf einer Geraden ergibt jeweils die Zauberkreiszahl; Zauberkreise legen und ausfüllen.

Färbespiele

1 Immer 10. Rechne. Färbe passend.
Schreibe die Aufgaben.

Immer 10.

5	3	9	1
2	5	7	0
6	8	10	4
3	1	4	2

2 Färbe passend.

Immer 11.

10	3	5	9
8	1	2	6
5	4	7	3
5	1	3	5

Immer 15.

5	5	7	9
11	5	8	6
4	12	2	7
3	13	7	1

3 Erfinde Färbespiele zu anderen Zahlen.
Du kannst auch ein großes Spiel malen
und auf die Felder hüpfen, die zusammen
deine Zahl ergeben.

Zerlegungen von 10 finden, in verschiedenen Farben färben und notieren, auch mehr als zwei Summanden zulassen;
Zerlegungen von 11 und 15 finden und in verschiedenen Farben färben.

Denkaufgaben für Baumeister-Schüler

1 Finde verschiedene Zweiertürme. Färbe.

2 In der Pause spielen die Baumeister-Schüler ein Spiel. Sie legen in jedes Neunerfeld immer drei Steine. In jeder Zeile und jeder Spalte darf nur ein Stein liegen. Finde viele Möglichkeiten.

3 An einem Mineralienstand darf sich ein Baumeister-Schüler drei edle Steine aussuchen. Es gibt grüne Steine aus Malachit, blaue Steine aus Lapis und rote Carneol-Steine. Wie kann er wählen?

Drei Farben zu Zweiertürmen kombinieren, Türme färben; drei Steine in einem Neunerfeld entsprechend den Vorgaben anordnen; drei Steinsorten auf verschiedene Arten zusammenstellen, Position der Steine innerhalb des Kreises dabei vernachlässigen, Steine anmalen. (Bei Aufgabe 1 bis 3 bleibt jeweils ein Feld übrig.)

Die Baumeister-Prüfung

1 Rechne.

20 − 3 = ___	12 − ___ = 8	___ − 4 = 12
13 − 9 = ___	15 − ___ = 6	___ − 8 = 7
19 − 4 = ___	13 − ___ = 7	___ − 3 = 14
14 − 7 = ___	11 − ___ = 3	___ − 5 = 8
18 − 5 = ___	17 − ___ = 11	___ − 7 = 6
16 − 6 = ___	14 − ___ = 9	___ − 6 = 9

2 Trage die fehlenden Zahlen ein.

3	2	2	4

6		8	
	1	2	

3 Rechne.

+	3		4	
5		13		
			8	
7				13
	12			
12				

−		8		6
19				
11	8			
				11
14			7	
		8		

Subtraktions- und Platzhalteraufgaben rechnen; Zahlenpyramiden ausfüllen; Tabellen ausfüllen.

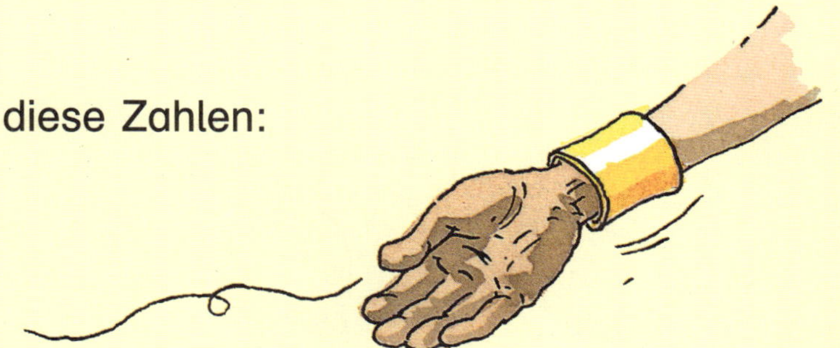

4 Der Baumeister bekommt vom Pharao diese Zahlen:

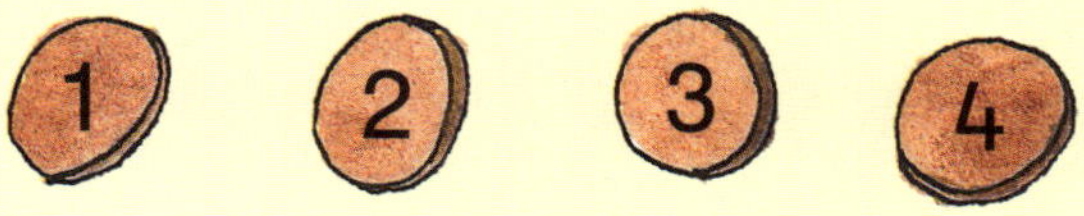

Welche Pyramidenzahlen findest du?
Zeichne den Baumeisterhut auf die größte Pyramidenzahl.

5 Der Baumeister bekommt diese Zahlen:

Er soll daraus zwei Pyramiden mit der Pyramidenzahl 15 bauen.

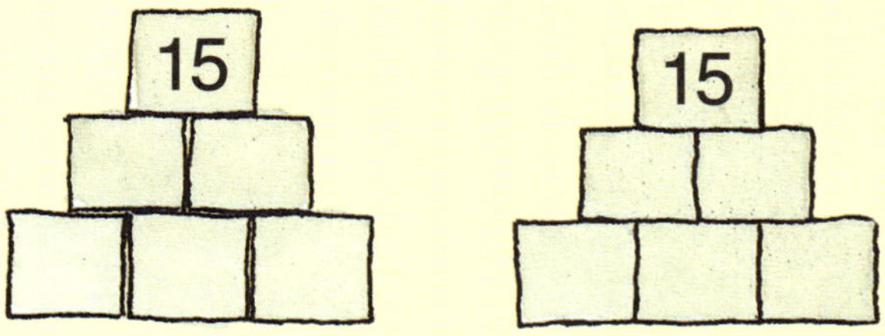

6 Trage die Zahlen von 1 bis 9 in den Zauberkreis ein.

Aus vorgegebenen Zahlen verschiedene Zahlenpyramiden erstellen und ausfüllen, Pyramidenzahlen berechnen; sechs Zahlen so auf die jeweils unterste Reihe zweier Zahlenpyramiden verteilen, dass jeweils die Pyramidenzahl 15 herauskommt; Zauberkreis ausfüllen.

Sachrechnen mit Leonardo

1 Trage ein.

Auf dem Teller sind ____ Bananen.

2 Male.

Auf dem Tisch stehen
4 Gläser.

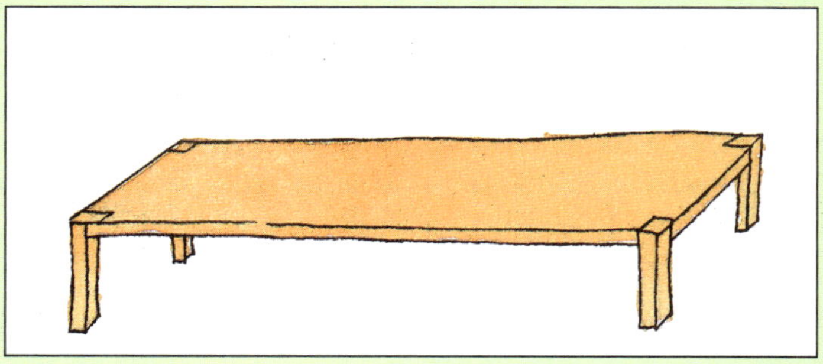

3 Was stimmt? Kreuze an.

☐ 2 Kinder haben einen Ball.

☐ 1 Kind hat einen Reifen.

☐ 3 Kinder haben ein Seil.

4 Male die passenden Aufgaben an.

3 + 1 = 4	4 + 1 = 5	4 – 2 = 2	6 + 3 = 9	6 – 3 = 3	3 – 3 = 0

5 Kreuze die passenden Fragen an.

☐ Wie viele Kerzen sind auf der Torte?

☐ Wie viele Kerzen brennen?

☐ Wie spät ist es?

Bestimmen und Darstellen einer Anzahl aus einem Bild; zu Bildsituationen passende Aussagen ankreuzen, passende Aufgaben anmalen, passende Fragen ankreuzen.

6 Kreuze die richtigen Aussagen an.

☐ 3 Ballons sind geplatzt.

☐ Die Ballons sind in der Tüte.

☐ 7 Ballons wurden aufgepustet.

7 Welches Bild passt? Kreuze an.

3 + 2

☐ 

☐ 

☐ 

8 Spiele nach. Male die passende Aufgabe an.

Nino hat 10 Würfel gelegt.
Jonas hat 4 Würfel weggenommen.

10 + 4 = 14 | 10 – 4 = 6 | 6 – 4 = 2

9 Spiele nach. Male.

Amal legt 4 blaue Plättchen.
Sina legt 2 rote Plättchen dazu.

Zu einer Bildsituation passende Aussagen ankreuzen; einem Term eine Bildsituation zuordnen; eine Sachsituation nachspielen und die passende Aufgabe anmalen; eine Sachsituation nachspielen und die angegebenen Mengen malen.

Alles dreht sich im Kreis

Wachet auf!
Es krähet der Hahn.
Die Sonne betritt ihre
güldene Bahn.

Tageskreis kennen lernen; Tagesablauf bewusst machen; erzählen, was an einem Tag passieren kann; Aktivitäten den passenden Tageszeiten und Uhrzeiten zuordnen.

1 Erzähle zum Bild.

2 Male deinen Tag.

3 Male deine Woche.

Zu den Bildern erzählen; Wochenkreis und Wochentage kennen lernen; Aktivitäten innerhalb einer Woche den Tagen zuordnen; eigenen Tagesablauf aufmalen; Leporello oder Tageskreisposter zu einem Tag und einer Woche herstellen.

Wochentage

Eine Woche hat 7 Tage.

Der Zeiger gibt an:

Heute ist Montag.
Morgen ist Dienstag.
Übermorgen ist Mittwoch.
Gestern war Sonntag.
Vorgestern war Samstag.

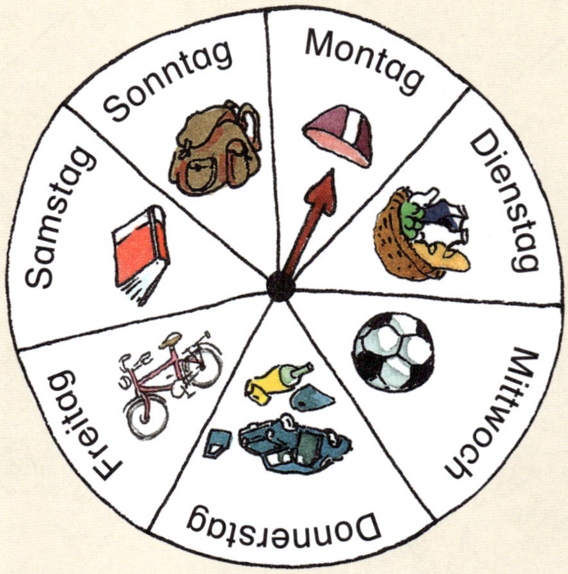

1 Schreibe die Namen der Wochentage.

Mo ____________ Di ____________ Mi ____________

Do ____________ Fr ____________

Sa ____________ So ____________

2 Trage ein. Male den Zeiger.

Heute ist ____________.

Morgen ist ____________.

Übermorgen ist ____________.

In drei Tagen ist ____________.

Gestern war ____________.

Vorgestern war ____________.

Vor vier Tagen war ____________.

Wochentage und Wochenkreislauf kennen lernen; Wochentage schreiben; aktuellen Wochentag mit einem Pfeil einzeichnen, Wochentage passend dazu notieren.

Die Woche

1 Schreibe die Wochentage und das Datum. Setze fort.

Trage für die Tage dieser Woche das Datum ein.

Montag : ____________________

Dienstag : ____________________

Mittwoch : ____________________

____________________ : ____________________

____________________ : ____________________

____________________ : ____________________

____________________ : ____________________

2 Trage ein.

	Wochentag	Datum
heute		
morgen		
gestern		

3 Trage die fehlenden Wochentage ein.

Montag

Samstag

Mittwoch

Uhrzeiten

Ein Tag hat 24 Stunden.

Der große Zeiger
heißt Minutenzeiger.

Der kleine Zeiger
heißt Stundenzeiger.

Es ist 4 Uhr oder 16 Uhr.

1 Schreibe die Zahlen auf das Zifferblatt.

2 Wie spät ist es? Trage ein.

Es ist ____ Uhr

oder ____ Uhr.

3 Wie spät ist es? Trage ein.

Es ist ____ Uhr

oder ____ Uhr.

Es ist ____ Uhr

oder ____ Uhr.

Uhrzeiten bis 24 Uhr kennen lernen; Zifferblatt vervollständigen; jeweils zwei Uhrzeiten auf der Analoguhr ablesen; volle Stunden schreiben.

4 Wie spät ist es? Trage ein.

____ Uhr ____ Uhr ____ Uhr
____ Uhr ____ Uhr ____ Uhr

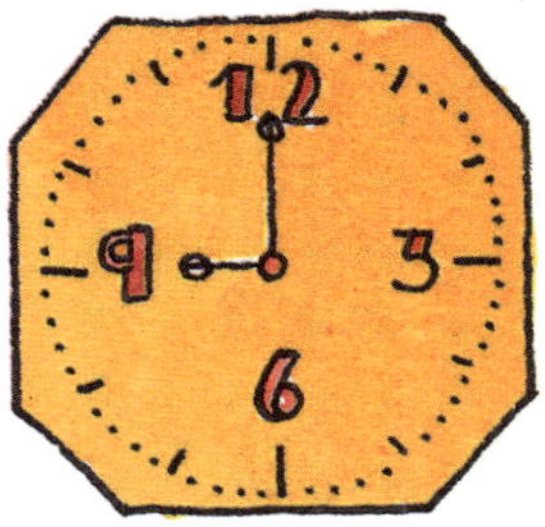

____ Uhr ____ Uhr ____ Uhr
____ Uhr ____ Uhr ____ Uhr

5 Male den kleinen Zeiger.

10 Uhr 14 Uhr 18 Uhr 5 Uhr

6 Trage passende Uhrzeiten ein.

Morgen Vormittag Nachmittag Abend

____ Uhr ____ Uhr ____ Uhr ____ Uhr

Volle Stunden auf Analoguhren ablesen, beide Uhrzeiten notieren; Uhrzeiten auf einer Uhr einstellen, Stundenzeiger richtig einzeichnen; Tageszeit und Uhrzeit einander zuordnen.

Zeitdauern

1 Wann ist die Schul-Bücherei geöffnet? Male die Zeiger.

Montag von  bis 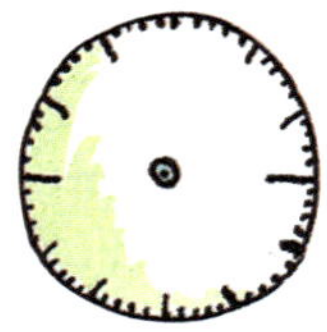

Dienstag von 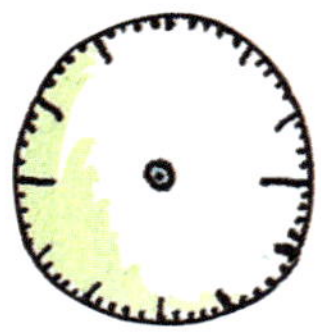 bis 

Mittwoch von 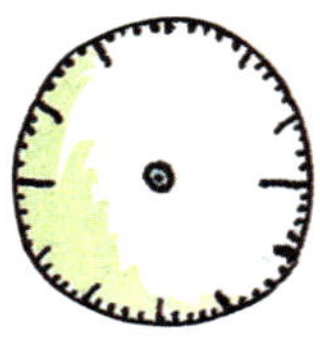 bis 

Donnerstag von 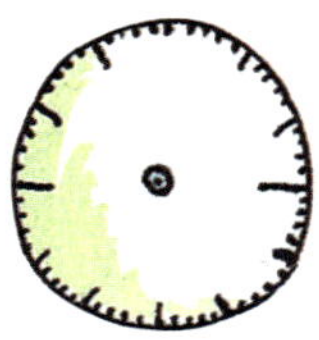 bis 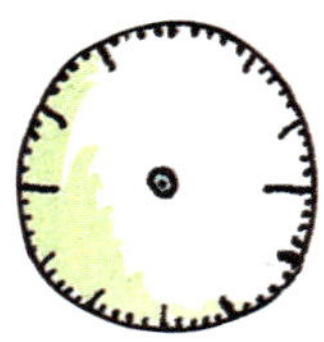

Freitag von  bis 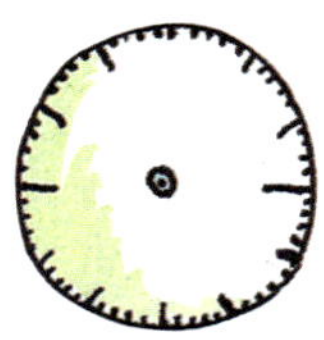

Schulbücherei

Öffnungszeiten

Montag
8 Uhr – 10 Uhr

Dienstag
9 Uhr – 12 Uhr

Mittwoch
8 Uhr – 12 Uhr

Donnerstag
10 Uhr – 11 Uhr

Freitag
9 Uhr – 11 Uhr

2 Wie viele Stunden ist die Schul-Bücherei geöffnet?

Montag: ____ Stunden

Dienstag: ____ Stunden

Mittwoch: ____ Stunden

Donnerstag: ____ Stunden

Freitag: ____ Stunden

Samstag: ____ Stunden

Öffnungszeiten aus dem Plakat entnehmen, Uhrzeiten auf den Analoguhren einzeichnen; Zeitdauer berechnen.

Die Zeit geht immer weiter

1 Trage ein.

Heute ist ____________________, der ______________

Morgen ist ____________________, der ______________

In drei Tagen ist ____________________, der ______________

Übermorgen ____________________, der ______________

2 Wie spät ist es? Trage ein.

____ Uhr	____ Uhr	____ Uhr	____ Uhr
____ Uhr	____ Uhr	____ Uhr	____ Uhr

3 Male den kleinen Zeiger.

2 Uhr 8 Uhr 13 Uhr 17 Uhr

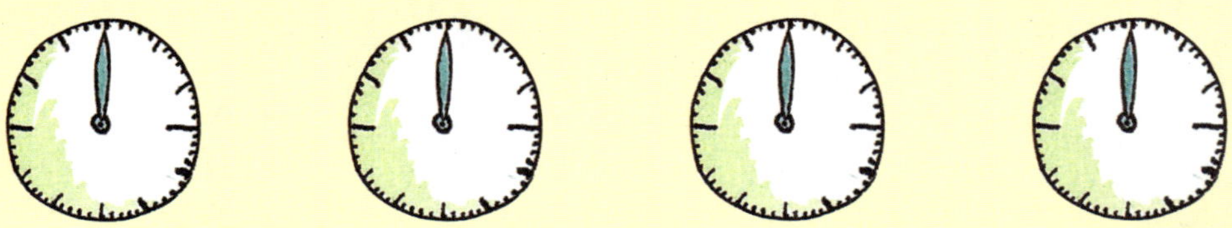

4 Wann hat das Schwimmbad am Sonntag geöffnet? Male die Zeiger.

von  bis 

Wie viele Stunden sind das? ____ Stunden

5 Wann hat das Schwimmbad am Montag geöffnet?

____

Wochentage und Datum bestimmen und notieren; Uhrzeiten ablesen und notieren; Stundenzeiger richtig einzeichnen; Öffnungszeiten aus dem Plakat entnehmen, Zeitdauer bestimmen; Sachaufgabe lösen.

Das Sommerfest

Zum Bild erzählen; über Zehneranordnung, Zeitpunkte und Preise sprechen; Lagebeziehungen: Positionen der Gewinne aus Sicht des Betrachters und aus Elenas Sicht beschreiben.

1 Erzählt, wie die Kinder das Fest vorbereiten.

2 Zählt Dinge auf dem Bild. Vergleicht die Anzahlen.

Über Zehneranordnungen, Strichlisten und Punkte bei Spielen sprechen; Anzahl der Würstchen auf dem Grill mit der bei den Vorbestellungen vergleichen, Anzahlen vorher schätzen; über Preise sprechen; ein eigenes Spiel planen.

Zehnerzahlen

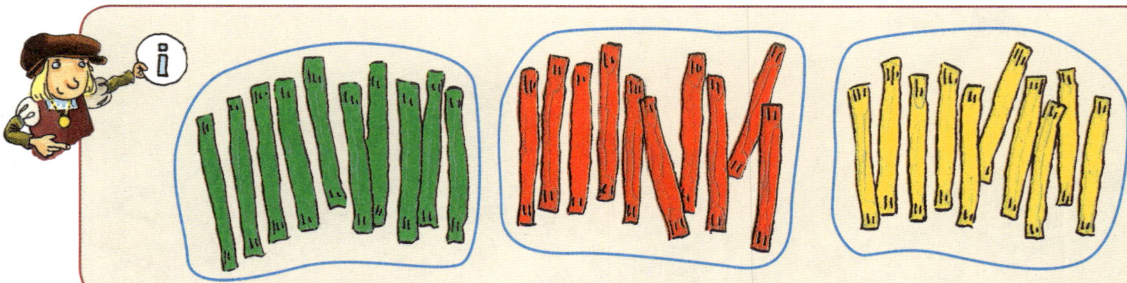

3 Zehner
30

1 Immer 10. Kreise ein. Zähle.

2 Male 30 Dreiecke. Kreise immer 10 ein.

3 Zähle in Zehnerschritten. Trage ein.

10	20								100

100	90								

Zehnerbündelung kennen lernen; immer zehn Dinge einkreisen, Anzahl notieren; in Zehnerschritten von 10 bis 100 und zurück zählen, Zehnerzahlen bis 100 notieren.

Wurfspiele

1 Schreibe und rechne.

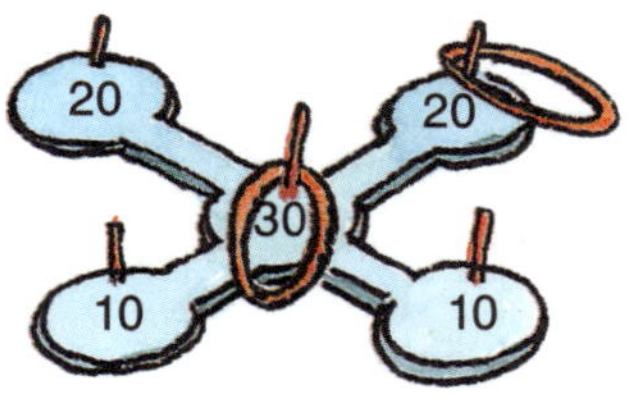

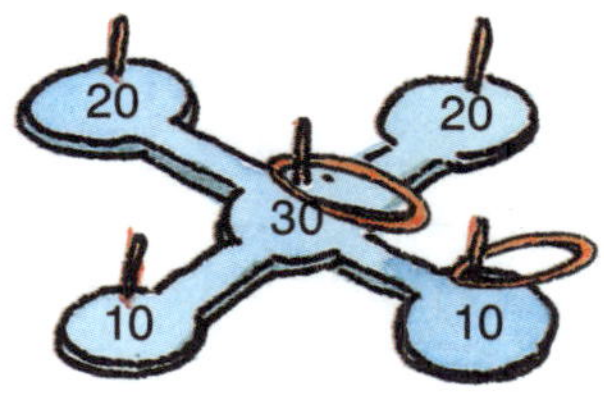

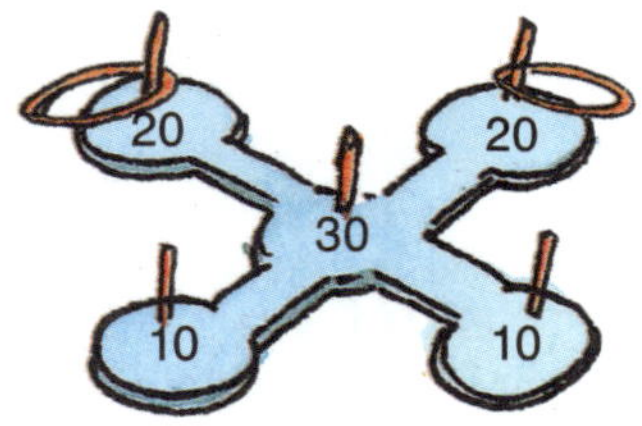

30 + 20 = ____　　____ + ____ = ____　　____ + ____ = ____

2 Schreibe und rechne.

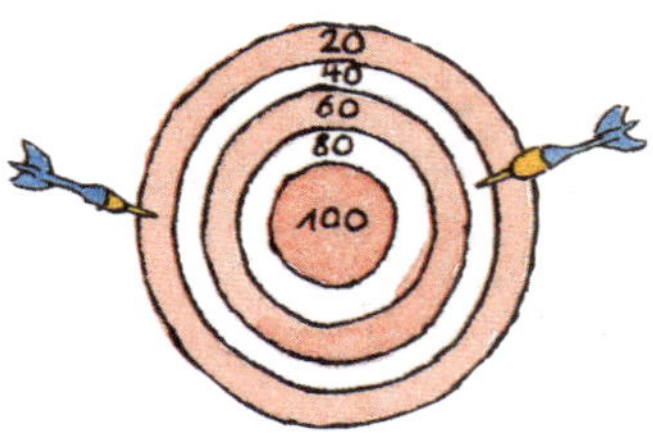

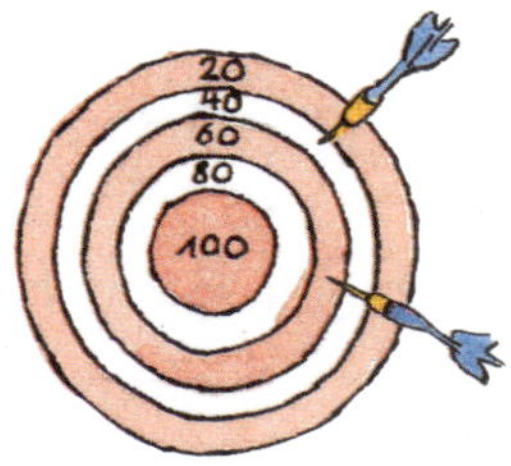

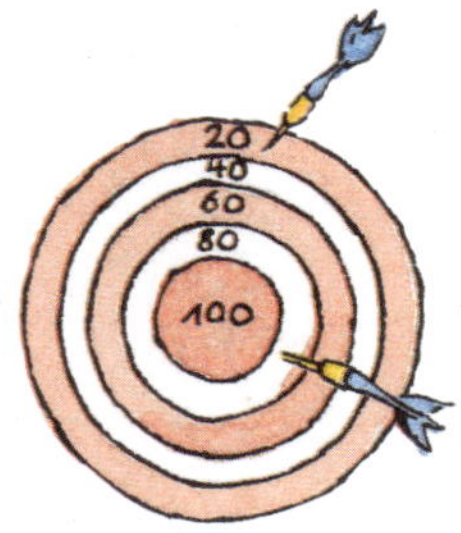

20 + 40 = ____　　____ + ____ = ____　　____ + ____ = ____

3 Rechne.

10 + 10 = ____	30 + 30 = ____	70 + 10 = ____
20 + 20 = ____	50 + 30 = ____	80 + 20 = ____
30 + 10 = ____	50 + 10 = ____	60 + 30 = ____

4 Rechne.

60 – 60 = ____	80 – 10 = ____	90 – 90 = ____
30 – 10 = ____	80 – 30 = ____	90 – 80 = ____
70 – 10 = ____	80 – 80 = ____	90 – 0 = ____

5 Male 3 Ringe. Schreibe und rechne.

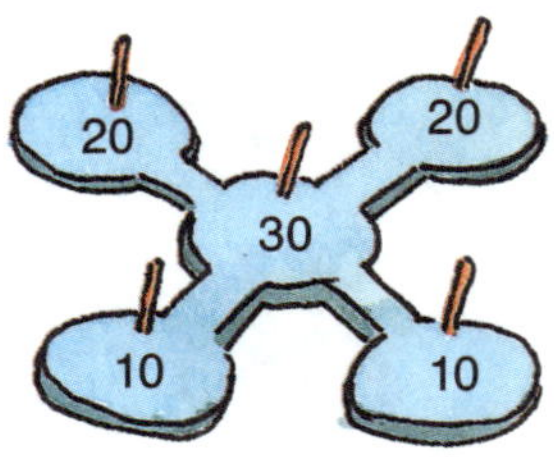

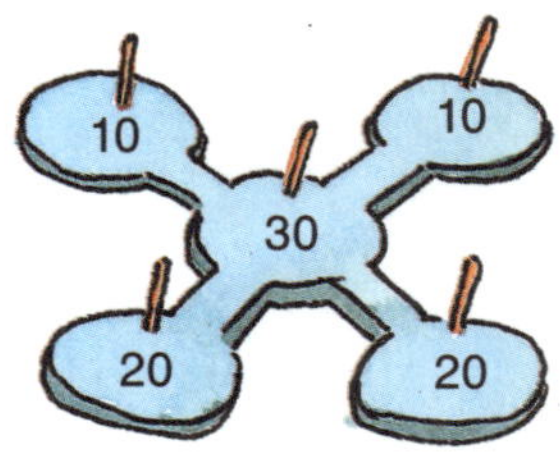

____ + ____ + ____ = ____　　____ + ____ + ____ = ____

Passende Aufgaben zu den Abbildungen notieren; Zehnerzahlen addieren und subtrahieren.

Zahlen bis 100

1 Trage ein.

20 30 60 90 10 40 80 100 70

1	2	3	4	5	6	7	8	9	
11	12	13	14	15	16	17	18	19	
21	22	23	24	25	26	27	28	29	
31	32	33	34	35	36	37	38	39	
41	42	43	44	45	46	47	48	49	50
51	52	53	54	55	56	57	58	59	
61	62	63	64	65	66	67	68	69	
71	72	73	74	75	76	77	78	79	
81	82	83	84	85	86	87	88	89	
91	92	93	94	95	96	97	98	99	

2 Zähle. Wie weit kommst du?

3 Suche die Zahlen. Male sie rot an.

34, 69, 14, 82, 3, 67, 21, 12, 63, 74, 84, 68, 62, 25, 72, 43, 83, 32, 78, 64, 58

4 Trage ein.

1									
									20

Hundertertafel kennen lernen; fehlende Zehnerzahlen eintragen; vorgegebene Zahlen in der Hundertertafel rot färben, entstandenes Muster beschreiben; so weit wie möglich einen Ausschnitt aus der Hundertertafel ausfüllen.

Hauptgewinne

1				5					10
	12					17		19	
21	22	23	24	25		27	28	29	30
31	32	33	34	35	36	37	38	39	
	42	43	44	45	46		48	49	
51			54	55	56	57			
		63	64	65		67	68		
71		73				77	78	79	
81	82		84		86			89	
91	92	93	94	95	96	97	98		100

Losnummer
40

Losnummer
90

1 Trage die Losnummern ein.

2 Male die Gewinne zu den Losnummern 40 und 90.

3 Trage die fehlenden Zahlen in die Hundertertafel ein.

Inhaltsübersicht

	Thema	Lerninhalte	Übungen
	**Ich bin ein Schulkind** 4 – 13	- Die Zahlen von 0 bis 10 - Verschiedene Zahlaspekte - Zahlenreihe von 0 bis 10, Nachbarzahlen - Ziffernschreibkurs	Mengen auszählen, Anzahlen durch Strichlisten oder Zahlen darstellen; Mengen, Zahlen und Strichlisten einander zuordnen; Bilder mit passenden Anzahlen malen; Zahlen in der Umwelt entdecken und ihre Bedeutung kennen lernen; die Zahlenreihe von 0 bis 10 und Ausschnitte daraus vervollständigen.
	**Schau genau!** 14 – 15	Wahrnehmungsübungen: - Figur-Grund-Diskriminierung - Wahrnehmungskonstanz - Wege - Folgen	Figuren erkennen und umfahren; das gleiche Bild finden; Unterschiede zwischen zwei Bildern entdecken; den Weg durch ein Labyrinth suchen; Wege nachfahren; Symbolfolge fortsetzen; Bilder vervollständigen.
	**In der Bauecke** 16 – 21	- Bauen und Legen mit Würfeln - Kleiner-/ Größer-/ Gleich-Beziehungen - Zahlenreihe von 0 bis 10, Nachbarzahlen	Mit Würfeln bauen und legen; Mengen auszählen, Zahlen und Relationszeichen eintragen; die Zahlenreihe von 0 bis 10 und Ausschnitte daraus mit Würfeln nachbauen und vervollständigen; Relationszeichen zeichnen, Symbolfolgen fortsetzen.
	**Zerlegen** 22 – 29	- Additive Zerlegungen der Zahlen bis 10 - Pluszeichen - Systematische Zerlegung	Zerlegungen zufällig (Plättchenwurf, Schüttelkasten) und gezielt (Zerlegungsmuster, Zerlegungshäuser, Würfelreihen) erzeugen; Zerlegungshäuser ausfüllen, Systematik entdecken; Zerlegungen ikonisch darstellen; Plusaufgaben zu Zerlegungen (Plättchenreihen, Zerlegungsmuster) schreiben und umgekehrt; Plusaufgaben zu Schüttelkästen und Plättchenwurf schreiben; Plättchenwurf und Additionsterm einander zuordnen.
	**In der Klasse** 30 – 37	- Erweiterung des Zahlenraums: Die Zahlen von 0 bis 20 - Zwanzigerfeld - Zahlenreihe von 0 bis 20, Nachbarzahlen	Unstrukturierte und strukturierte Mengen bis 20 legen bzw. auszählen, Anzahlen durch Strichlisten oder Zahlen darstellen; Zahlen bis 20 im Zwanzigerfeld auffassen und darstellen; die Zahlenreihe von 0 bis 20 und Ausschnitte daraus vervollständigen, Nachbarzahlen eintragen; Zahlen vergleichen, Relationszeichen eintragen; Zahlen der Reihe nach verbinden.
	**Fit mit Leonardo** 38 – 39	Vermischte Aufgaben	Mengen auszählen, Anzahlen durch Strichlisten oder Zahlen darstellen; Ausschnitte aus der Zahlenreihe von 0 bis 20 vervollständigen; Relationszeichen eintragen; Zerlegungshäuser ausfüllen.
	**Tolle Sachen aus dem Quadrat** 40 – 47	- Geometrische Formen: Quadrat, Rechteck, Dreieck, Kreis - Faltanleitung	Geometrische Formen erkennen und zeichnen; Rechtecke, Quadrate und Dreiecke aus einem Quadrat falten und schneiden; ebene Figuren unterschiedlich aus- und nachlegen, Tabellen dazu ausfüllen; Freihand zeichnen, Symbolfolgen fortsetzen; einen Fangbecher nach Anleitung falten.

Inhaltsübersicht

Leonardo

Mathematik 1. Schuljahr

Zu Leonardo Mathematik 1 gehören:		Zu Leonardo Mathematik 2 gehören:	
Arbeitsheft 1	978-3-425-**13411**-6	Schülerband 2	978-3-425-**13402**-4
Arbeitsheft 1 mit CD-ROM	978-3-425-**13421**-5	Arbeitsheft 2	978-3-425-**13412**-3
Förderheft 1	978-3-425-**13441**-3	Arbeitsheft 2 mit CD-ROM	978-3-425-**13422**-2
Forscherheft 1/2	978-3-425-**13432**-1	Förderheft 2	978-3-425-**13442**-0
Holzwürfel mit Zwanziger-Tableau	978-3-425-**11047**-9	Forscherheft 1/2	978-3-425-**13432**-1
Ersatzsortiment Beilagen 1. Schuljahr	978-3-425-**02299**-4	Holzmaterialien 2.-4. Schuljahr	978-3-425-**02286**-4
Rechengeld Euro (Klassensatz)	978-3-14-**121621**-9	Rechengeld Euro (Klassensatz)	978-3-14-**121621**-9
Lernzielkontrollen 1/2	978-3-425-**13434**-5	Lernzielkontrollen 1/2	978-3-425-**13434**-5
Kommentare und Kopiervorlagen 1	978-3-425-**13491**-8	Kommentare und Kopiervorlagen 2	978-3-425-**13492**-5

Herausgegeben von
Doris Mosel-Göbel und Martin Stein

Erarbeitet von
Heidrun Grottke, Gabriele Hinze, Brigitte Hölzel,
Anette König und Gisela Schobbe

Unter Beratung von
Elke Simon

Illustrationen von
Volker Fredrich, Hamburg

Fotos von
Bert Butzke, Mühlheim (S. 11; Uhr, Taschenrechner, Domino-Stein);
Bruno Burk, Ludwigsburg (S. 11; Würfel, Bahnhofsschild, Maßband, Autokennzeichen, Hausnummer, Zone-30-Schild);
mauritius-images, Mittenwald (S. 11; Handy)

Auf der Grundlage von Leonardo Mathematik, 2001
Herausgegeben von Doris Mosel-Göbel und Martin Stein
Erarbeitet von Claudia Brall, Christa Greven, Heidrun Grottke, Gabriele Hinze,
Brigitte Hölzel, Ursula Keunecke, Anette König-Wienand, Klaus Rödler und Gisela Schobbe

Druck A[1] / Jahr 2009
Alle Drucke der Serie A sind im Unterricht parallel verwendbar.

Redaktion: Angelika Quast
Herstellung: Sonja Burk, Frankfurt
Layout: Visuelle Lebensfreude, Hannover
Umschlaggestaltung: Volker Fredrich (Illustration) und Visuelle Lebensfreude
Satz und Repro: Petra Obermeier, München
Druck und Bindung: westermann Druck GmbH, Braunschweig

ISBN 978-3-425-**13401**-7